电气工程与电气信息科学技术工程系列丛书

可编程逻辑器件应用实践

主编 杨春玲 朱 敏

哈尔滨工业大学出版社

内 容 简 介

本书以提高电子设计工程实践能力为目的，对目前各种 PLD(可编程逻辑器件)及编程方法做了系统的介绍。该书从数字电路中大量的逻辑电路实例入手，讲解 VHDL 和 Verilog 语言的语法和语句，通俗易懂，可作为可编程逻辑器件快速入门图书。全书共分 6 章，详细介绍了 EDA 设计方法、各种 PLD 器件的结构原理、VHDL 和 Verilog 语言的设计优化、可编程逻辑器件的各种开发环境及基于 PLD 器件的典型设计项目等。

本书既可作为高等学校机电一体化、电子工程、通信、工业自动化、计算机应用技术、电子对抗、仪器仪表、数字信号或图像处理等学科的 EDA 技术教材及实验指导书，亦可作为相关专业技术人员的参考书。

图书在版编目(CIP)数据

可编程逻辑器件应用实践/杨春玲等主编. —哈尔滨:哈尔滨工业大学出版社,2008.7
(电气工程与电气信息科学技术工程系列丛书)

ISBN 978 – 7 – 5603 – 2703 – 7

Ⅰ.可…　Ⅱ.杨…　Ⅲ.可编程逻辑器件　Ⅳ.TP332.1

中国版本图书馆 CIP 数据核字(2008)第 069358 号

责任编辑　王桂芝　贾学斌
出版发行　哈尔滨工业大学出版社
社　　址　哈尔滨市南岗区复华四道街 10 号　邮编 150006
传　　真　0451 – 86414749
网　　址　http://hitpress.hit.edu.cn
印　　刷　哈尔滨工业大学印刷厂
开　　本　787mm×1092mm　1/16　印张 12.75　字数 330 千字
版　　次　2008 年 7 月第 1 版　2008 年 7 月第 1 次印刷
书　　号　ISBN 978 – 7 – 5603 – 2703 – 7
定　　价　25.00 元

◎ 序

随着经济全球化、产业国际竞争的加剧和电子信息科学技术的飞速发展,电气工程与电气信息科学技术领域的国际交流日益广泛,因此,对能够参与国际化工程项目的工程师的需求愈来愈迫切,这便对高等学校电气工程与电气信息科学技术领域专业人才的培养提出了更高的要求。

近些年,国家教育部对本科生教育提出了"厚基础、宽口径"的要求,使学生掌握了比较扎实的基础知识,拓宽了学生的就业方向和就业广度。但与此同时,也显露出刚毕业的大学生工程实践能力差、难以很快适应工作的问题,对于电类专业的学生来说,缺少工程教育的过程,很多工程实际操作、实用技术,因受学时限制,不能讲深、讲透,出现了"理论基础扎实、工程实践能力欠缺"的问题;而对于那些在校时只接触过类似"电工学"这样的电类基础课程,而工作后却从事电气领域相关工作的非电类专业人员来说,这种问题就显得更为突出。目前,教育部已经认识到并着手解决这方面的问题,开始在工科高等学校开展**工程教育专业认证**工作,积极推进工程教育改革,以提高学生的工程实践能力和创新能力,培养能够参与国际化工程项目的工程师,在实质等效性的要求下推进全球工程教育的交流。

为了更好地配合高等学校的工程教育改革,我们组织编写了《电气工程与电气信息科学技术工程系列丛书》。该丛书侧重介绍当代电气工程与电气信息科学技术领域的主要知识和应用技术,重点讲述工程实践中的一些具体实例,以使这些学生能够尽快了解该领域内的新知识和新技术,领悟工程概念,提高工程实践能力,使其工作后能够尽快进入角色。该丛书的编写原则是理论上"**以必须和够用为度**"、"**重点突出**";实例选择上"**以工程实践为基础**"、"**实用性强**"。

该丛书适合于**电类专业**的在校本科生,使其在拥有较扎实的理论基础上,加强工程实践教育,较快地了解和掌握工程实践中的一些实际应用技术;也适合于毕业后从事电气领域相关工作的**非电类专业**学生,使其能够通过该丛书系统地了解该领域的主要知识和实际应用技术,尽快进入工作角色。由于其简练的理论阐述和较强的实用特性,该丛书也可以作为**高职高专类**相关专业的教材。

该丛书作者队伍阵容强大,既有国内电工学教育界的知名学者,也有哈尔滨工业大学电气工程领域内从事多年教学和科研工作的教授、博导。他们将近年来该领域的新成果和多年来的教学、科研经验,融会于丛书中。相信该丛书必将对广大电气工程与电气信息科学技术人员和在校师生有较大的帮助。

2008 年 6 月

◎ 前 言

可编程逻辑器件(PLD,Programmable Logic Device)是 20 世纪 70 年代发展起来的新型逻辑器件,可以完全由用户配置以完成某种特定的逻辑功能。经过 80 年代的发展,PLD 行业初步形成,而进入 90 年代以后,PLD 已成为半导体领域中发展最快的产品之一。

可编程逻辑器件是在专用集成电路(ASIC,Application Specific Integrated Circuits)设计的基础上发展起来的,在 ASIC 设计方法中,通常采用全定制和半定制电路设计方法,但设计完成后如果不能满足要求,还要重新设计再进行验证。这样不但会导致设计开发周期变长,产品上市时间也难以保证,而且会大大增加产品的开发费用。从 ASIC 设计的风险来看,可编程逻辑器件正好解决了这一问题。随着工艺、技术及市场的不断发展,PLD 产品的价格越来越低,集成度越来越高,速度越来越快,并在越来越多的领域中取代了 ASIC。

PLD 产品的优势在于可以缩短开发周期,现场灵活性好,开发风险小,且随着芯片制造工艺的不断进步,单片集成度飞速提高,价格也越来越高,已广泛应用于电子、通信、航天及军事等领域。

PLD 产品集成度的不断提高使得产品的性能不断提高,功能不断增多。最早的 PLD 仅仅能够实现一些简单的逻辑功能,而现在片上可编程系统直接实现系统集成,在速度上可以满足一般系统的要求。其好处是用户把所有关键的功能块放上去后,可以随着标准的改变而重新配置,降低费用,并且缩短开发时间。同时,IP(Intellectual Property)核在 PLD 中的使用也使得片上可编程系统(SOPC,System on a Programmable Chip)成为可能。2000 年,Altera 推出了高密度的 APEX 系列器件和开发工具 Quartus Ⅱ,再加上一系列可重复使用的 IP 核,SOPC 开始有了实质性的发展。之后,Altera 从 MIPS 和 ARM 公司获得了处理器层次结构的许可权,将这两种芯核纳入 Altera 的 IP 核,以便将晶体管级处理器内核嵌入自己的复杂可编程逻辑器件(CPLD,Complex Programmable Logic Device)层次结构中,并针对 SOPC 推出了一套嵌入式处理器产品,包括 ARM、MIPS 和 Nios 处理器三种芯核及相应的开发工具。

不久,另一 PLD 厂商 Xilinx 公司也宣布推出了新型的 SOPC 方案。Xilinx 与 ARCCores 共同为 ARC 的 32 位可配置处理器的用户提供可编程逻辑解决方案。ARC 的 32 位可配置处理器将被用于 Xilinx Virtex 和 Spartan Ⅱ 系列的现场可编程门阵列(FPGA,Field Programmable Gate Array)中。ARC 处理器与传统的 RISC 处理器不同,它的指令集可以根据用户的确切需要进行配置。ARC 工具集允许按处理器规格改制,使其在较低的时钟频率下具有更好的系统性能和更低的功耗,成为理想的以 FPGA 为基础的软件解决方案。

PLD 的飞速发展使得传统设计方法及工具逐渐被抛弃,新器件、新理念、新思路的掌握与理解对于当代有志于 PLD 技术的电子工程师来说是一个新的挑战,掌握 SOPC 开发技术、VHDL 语言与 FPGA 开发技术是每一位电子设计工程师重要而紧迫的任务。为培养我国的电子设计、ASIC/SOPC 设计开发、IP 核应用和开发、具有自主知识产权的电子系统的开发人才,以及在电子、信息、通信、电子对抗、工控类高等教学领域深入推广 EDA 和 SOPC 技术,满足高技术人才市场的需求,我们编写了本书。

全书共分 6 章,在编写中力求准确并注意系统性,本书具有如下特色:

(1)覆盖面广,包括了目前工程中应用的可编程逻辑器件及开发环境。

(2)内容新,包括了目前最新的可编程逻辑器件和开发环境。

(3)通俗易懂,由浅入深,通过实例讲解 VHDL、Verilog 语言及各种器件的编程方法。

(4)工程实践性强,教材的设计样例来自于工程实际,可以很好地培养学生的动手实践能力。

本书由杨春玲、朱敏主编,参加本书编写的还有刘贵栋和杨荣峰。由于编者水平有限,书中难免有错误或不当之处,恳请读者批评指正。

编　者
2008 年 3 月
于哈尔滨工业大学

◎目录

Contents

目录 Contents

第1章
EDA 技术概述

内容提要:本章主要介绍 EDA 技术及可编程逻辑器件的发展概况,PLD 和其他技术的比较,硬件描述语言,EDA 与传统电子设计方法比较,IP 核的概念等。通过本章的学习,使读者对 EDA 技术有一个初步的了解。

1.1 EDA 技术的发展概况

现代电子系统一般由模拟系统、数字系统和微处理系统三大部分组成。随着半导体技术、集成技术和计算机技术的发展,电子系统的设计方法和设计手段发生了很大的变化。特别是 EDA(Electronic Design Automation)技术,即电子设计自动化技术的发展和普及更是给电子系统的设计插上了腾飞的翅膀。

EDA 技术,是指利用计算机完成电子系统的设计,即以计算机为工作平台、EDA 软件工具为开发环境、硬件描述语言为设计语言、专用集成电路(ASIC, Application Specific Integrated Circuits)为实现载体的电子产品自动化设计过程。因此,EDA 技术以计算机科学和微电子技术发展为先导,汇集了计算机图形学、拓扑学、逻辑学、微电子工艺与结构学和计算数学等多种计算机应用学科的最新成果。

1.EDA 技术发展的初期 CAD 阶段

20 世纪 60 年代中期至 80 年代初期是 EDA 技术发展的初期阶段。这一阶段的主要特点是一些单独的软件工具的出现,主要有 PCB(Printed Circuit Board)布线设计、电路模拟、逻辑模拟及版图的绘制等。这个时期,人们主要借助计算机对所设计的电路的性能进行一些模拟和预测,所以这一阶段又称为计算机辅助设计 CAD(Computer Aided Design)阶段。

2.EDA 的计算机辅助设计 CAE 阶段

20 世纪 80 年代初期至 90 年代初期为 EDA 技术的计算机辅助设计 CAE(Computer Aided Engineering)阶段。这个阶段在集成电路与电子设计方法学以及设计工具集成化方面取得了长足的进步。各种设计工具,如原理图输入、编译与连接、逻辑模拟、测试码生成、版图自动布局以及各种单元库已齐全。不同功能的设计工具之间的兼容性得到了很大的改善。EDA 软件设计者采用统一数据管理技术,把多个不同功能的设计软件结合成一个 CAE 系统。按照设计方法学制定的设计流程,在一个集成的设计环境中可以实现从设计输入到版图输出的全程设计自动化。在这个阶段,基于门阵列和标准单元库设计的各种半定制 ASIC 得到了极大的发展,将集成电路和电子系统设计推入了 ASIC 时代。

3. 第三代 EDA 技术

20 世纪 90 年代以来,微电子技术以惊人的速度发展,其工艺水平达到深亚微米级,在一个芯片上可集成上百万乃至上亿只晶体管,芯片的工作频率可达到 GHz 级。这不仅为片上系统(SOC,System On Chip)的实现提供了可能,同时也对 EDA 技术提出了更高的要求,并促进了 EDA 技术的发展。此阶段主要出现了以硬件语言描述、系统级仿真和综合技术为基本特征的第三代 EDA 技术,它使设计人员摆脱了大量的具体性和基础性工作,而把更多的精力投入到创造性的方案与概念的构思上。从而极大地提高了系统的设计效率,缩短了产品的研制周期。

4. 21 世纪的 EDA 技术

EDA 技术在进入 21 世纪后,得到了更大的发展。主要表现为在现场可编程门阵列(FPGA,Field Programmable Gate Array)上实现数字信号处理(DSP,Digital Signal Processing)成为可能,基于 FPGA 的 DSP 技术为高速数字信号处理算法提供了实现途径;嵌入式处理器软核的成熟,使得片上集成系统(SOPC,System on a Programmable Chip)步入大规模应用阶段,在一片 FP-GA 上实现一个完备的数字处理系统成为可能;基于 EDA 技术的用于 ASIC 设计的标准单元已涵盖大规模电子系统及复杂 IP 核模块;软、硬 IP(Intellectual Property)核在电子行业的产业领域广泛应用;系统级、行为验证级硬件描述语言的出现(如 System C),使复杂电子系统的设计和验证趋于简单。

1.2 可编程逻辑器件的发展概况

传统电子产品设计的基本思路一般是先选用标准通用集成电路芯片,再由这些芯片"自下而上"地构成电路、子系统和系统。EDA 技术则采用"自上而下"的设计方法。在这种新的设计方法中,由整机系统用户对整个系统进行方案设计和功能划分,系统的关键电路由一片或几片专用集成电路 ASIC 完成。ASIC 的设计与制造,已不再完全由半导体厂商独立承担,系统设计师在实验室里就可以设计出合适的 ASIC 芯片,并且立即投入实际应用之中,这都得益于可编程逻辑器件(PLD,Programmable Logic Device)的出现。现在应用最广泛的 PLD 主要是现场可编程门阵列(FPGA,Field Programmable Gate Array)和复杂可编程逻辑器件(CPLD,Complex Programmable Logic Device)。

可编程逻辑器件是一种由用户根据自己要求来构造逻辑功能的数字集成电路,利用计算机辅助设计,经一系列编译或转换程序,生成相应的目标文件,再由编程器或下载电缆将设计文件配置到目标文件中,这时 PLD 就可作为满足用户要求的专用集成电路使用了。PLD 适宜于小批量生产的系统,或在系统开发研制过程中采用,因此,应用较为广泛。它的应用和发展不仅简化了电路设计,降低了成本,提高了系统的可靠性和保密性,而且给数字设计方法带来了重大变化。

1.2.1 PLD 的发展

1. 可编程只读存储器(PROM)

最早的 PLD 是 1970 年制成的可编程只读存储器(PROM,Programmable Read Only Memory),它由固定的与阵列和可编程的或阵列组成。PROM 采用熔丝工艺编程,只能写一次,不能擦除和重写。随着技术的发展和应用要求,此后又出现了紫外线可擦除只读存储器 UVEPROM 和电可擦除只读存储器 E^2PROM。由于其阵列规模大、速度低、价格便宜、易于编程,适合于存储函数和数据表格,因此,主要用作存储器。典型的 EPROM 有 2716 和 2732 等。

2. 可编程逻辑阵列(PLA)

20 世纪 70 年代中期出现了可编程逻辑阵列(PLA, Programmable Logic Array),它是由可编程的与阵列和可编程的或阵列组成,但由于器件的资源利用率低,价格较贵,编程复杂,支持 PLA 的开发软件有一定难度,因而没有得到广泛应用。

3. 可编程阵列逻辑(PAL)器件

1977 年美国 MMI 公司(单片存储器公司)率先推出可编程阵列逻辑(PAL, Programmable Array Logic)器件,它由可编程的与阵列和固定的或阵列组成,采用熔丝编程方式,双极性工艺制造,器件的工作速度很高。由于它的输出结构种类很多,设计很灵活,因而成为第一个得到普遍应用的可编程逻辑器件,如 PAL16L8。

4. 通用阵列逻辑器件

1985 年 Lattice 公司最先发明了通用阵列逻辑(GAL, Generic Array Logic)器件。GAL 器件在 PAL 器件基础上采用了输出逻辑宏单元形式 E^2CMOS 工艺结构,具有可电擦写、重复编程、长期保存数据、设置加密位和重新组合结构等优点。具有代表性的 GAL 芯片有 GAL16V8 和 GAL20V8,这两种 GAL 几乎能够仿真所有类型的 PAL 器件。在实际应用中,GAL 器件对 PAL 器件仿真具有百分之百的兼容性,所以 GAL 器件几乎完全代替了 PAL 器件,并可以取代大部分 SSI、MSI 数字集成电路,如标准的 54/74 系列器件,因而得到广泛应用。

PAL 和 GAL 器件都属于简单的 PLD,结构简单,设计灵活,对开发软件的要求低,但规模小,难以实现复杂的逻辑功能。随着技术的发展,简单 PLD 在集成密度和性能方面的局限性也暴露出来,其寄存器、I/O 引脚、时钟资源的数目有限,没有内部互连,因此,包括 EPLD、CPLD 和 FPGA 在内的复杂 PLD 迅速发展起来,并向着高密度、高速度、低功耗,以及结构体系更灵活、适用范围更宽广的方向发展。

5. 可擦除可编程逻辑器件(EPLD)

可擦除可编程逻辑器件(EPLD, Erasable PLD)是 20 世纪 80 年代中期 Altera 公司推出的基于 UVEPROM 和 CMOS 技术的 PLD,后来发展到采用 E^2CMOS 工艺制作的 PLD。EPLD 基本逻辑单元是宏单元。宏单元由可编程的与或阵列、可编程寄存器和可编程 I/O 三部分组成。从某种意义上讲 EPLD 是改进的 GAL,它在 GAL 基础上大量增加输出宏单元的数目,提供更大的与阵列,灵活性较 GAL 有较大改善,集成密度大幅度提高,内部连线相对固定,延时小,有利于器件在高频率下工作,但内部互连能力十分弱。世界著名的半导体器件公司,如 Altera、Xilinx、AMD、Lattice 等,均有 EPLD 产品,但结构差异较大。

6. 在线可编程(ISP)技术

20 世纪 80 年代末 Lattice 公司提出在线可编程(ISP, in System Programmability)技术,之后出现了 CPLD 器件。CPLD 是在 EPLD 的基础上发展起来的,采用 E^2CMOS 工艺制作,与 EPLD 相比,增加了内部连线,对逻辑宏单元和 I/O 单元也有重大的改进。CPLD 至少包含三种结构:可编程逻辑宏单元、可编程 I/O 单元和可编程内部连线。部分 CPLD 器件内部还集成了 RAM、FIFO 或双口 RAM 等存储器,以适应 DSP 应用设计的要求。其典型器件有 Altera 公司的 MAX7000 系列,Xilinx 公司的 7000 和 9500 系列,Lattice 公司的 PLSI/ispLSI 系列和 AMD 公司的

MACH 系列。

7. 现场可编程门阵列(FPGA)器件

1985 年,Xilinx 公司提出可编程概念,同时推出世界上第一片现场可编程门阵列 FPGA 器件。它是一种新型的高密度 PLD,采用 CMOS-SRAM 工艺制作。其内部由许多独立的可编程逻辑模块(CLB)组成,逻辑块之间可以灵活地相互连接。FPGA 的结构一般分为三部分:可编程逻辑块、可编程 I/O 模块和可编程内部连线。CLB 的功能很强,不仅能够实现逻辑函数,还可以配置成 RAM 等复杂的形式。配置数据存放在片内的 SRAM 或者熔丝图上,基于 SRAM 的 FPGA 器件工作前需要从芯片外部加载配置数据。配置数据可以存储在片外的 EPROM 或者计算机上,设计人员可以控制加载过程,在现场修改器件的逻辑功能,即所谓现场可编程。FPGA出现后受到电子设计工程师的普遍欢迎,发展十分迅速。Xilinx、Altera 和 Actel 等公司都提供高性能的 FPGA 芯片。

8. 高密度 PLD

20 世纪 90 年代后,高密度 PLD 在生产工艺、器件的编程和测试技术等方面都有了飞速发展。目前,PLD 的集成度非常高,如 Altera 公司的 APEX II 系列器件,采用 0.15 μm 工艺,各层都是铜金属布线,其中 EP2A90 的密度可达 400 万典型门,可为用户提供 1 140 个 I/O 引脚,1 GB/s数据速率。

9. SOPC 器件

20 世纪末出现了 SOPC 器件,SOPC 是现代电子技术和电子系统设计的汇聚点和最新发展方向,它将普通 EDA 技术、计算机系统、嵌入式系统、工业自动化控制系统、DSP 及无线电等融为一体,涵盖了嵌入式系统设计技术的全部内容。SOPC 结合了 SOC、PLD 和 FPGA 的优点,集成了硬核或软核 CPU、DSP、存储器、外围 I/O 及可编程逻辑,用户可以利用 SOPC 平台自行设计各种高速、高性能的 DSP 处理器或特定功能的 CPU 处理器,从而使电子系统设计进入了一个全新的模式。在应用的灵活性和价格上,SOPC 具有极大的优势,被称为"半导体产业的未来"。Xilinx 公司和 Altera 公司的新一代 FPGA 集成了中央处理器(CPU)或数字处理器(DSP)内核,在一片 FPGA 上进行软硬件协同设计,为实现 SOPC 提供了强大的硬件支持。

世界各著名半导体器件公司,如 Altera、Xilinx、Lattice、Actel 和 AMD 公司等,均可提供不同类型的 CPLD、FPGA 产品。众多公司的竞争,促进了可编程集成电路技术的提高,使其性能不断改善,产品日益丰富,价格逐步下降。可以预计,可编程逻辑器件将在结构、密度、功能、速度和性能等方面得到进一步发展,结合 EDA 技术,PLD 将在现代电子系统设计中得到非常广泛的应用。

1.2.2 PLD 的主要特点

(1) 大规模。PLD 的逻辑规模已达数百万门,近 10 万逻辑宏单元,可以将一个复杂的电路系统,如包括一个或多个嵌入式系统处理器、各类通信接口、控制模块和 DSP 模块等,装入一个芯片,即能满足片上系统 SOC 设计。

(2) 低功耗。由 Lattice 公司最新推出的 ispMACH4000z 系列 CPLD 达到了前所未有的低功耗性能,静态电流 20 μA,以至于被称为 0 功耗器件,而其他性能,如速度、规模、接口特性等仍然保持了很好的指标。

(3) 模拟可编程。各种应用 EDA 工具软件设计、ISP 方式编程下载的模拟可编程及模数混合可编程器件不断出现,最具代表性的器件是 Lattice 公司的 ispPAC 系列器件。

(4) 含多种专用端口和附加功能模块的 FPGA。例如,Lattice 公司的 ORT、ORSO 系列器件,Altera 公司的 Stratix、Cyclone、APEX 等系列器件,除内嵌大量的 ESB(嵌入式系统块)外,还含有嵌入的锁相环模块(用于时钟发生和管理)、嵌入式微处理核等。此外,系列器件还嵌有丰富的 DSP 模块。

1.3　PLD 和其他技术的比较

数字系统中会用到多种集成电路,如微处理器、DSP、存储器、半导体厂商提供的专用集成电路、用户自己设计的专用集成电路和 PLD 等。用户选择哪一种往往取决于成本、实现的难易程度、速度、可靠性与偏好等多种因素。

1.3.1　PLD 和 ASIC 的比较

ASIC 可分为数字 ASIC 和模拟 ASIC,数字 ASIC 又有全定制和半定制两种。PLD 和 ASIC 相比主要具有以下几个优点:

(1) PLD 具有在线升级能力。ASIC 一旦设计完成,就不能更改,所以 ASIC 不具有 PLD 的在线升级能力。

(2) PLD 设计周期短。ASIC 的设计不仅要像 PLD 的设计一样进行逻辑验证、时序分析等工作,还要进行版图、位置和互连线设计,因此设计周期长。

(3) PLD 启动的成本小。做一个 ASIC 至少需要几万片的量级,而 PLD 不存在这个问题,故而启动成本小。

1.3.2　PLD 和微处理器、DSP 的比较

PLD 和微处理器、DSP 都具有可编程的能力,所以它们在数字系统中的使用都非常广泛。但 PLD 和微处理器在设计上有几点不同之处:

(1) 通过 PLD 或 ASIC 实现的功能会比通过微处理器控制快得多。其中原因之一是一般微处理器是数字系统的核心,它通常要处理很多的任务,对于其中一个任务只能分给一定的时间片,而用 PLD 和 ASIC 实现一般是专门化的;另外一个原因是微处理器是通用的硬件结构,通过指令完成相应的逻辑功能,而 PLD 和 ASIC 可以设计专门的硬件结构。

(2) PLD 的设计方法和设计思路与微处理器、DSP 的设计有很大的差别。

1.4　硬件描述语言概述

硬件描述语言(HDL,Hardware Description Language)是 EDA 技术的重要组成部分,常用的硬件描述语言有 VHDL、Verilog 和 ABEL 语言。VHDL 语言是电子设计主流硬件的描述语言,英文全名是 VHSIC(Very High Speed Integrated Circuit),1983 年由美国国防部(DOD)发起创建,Verilog语言起源于集成电路设计,ABEL 语言则来源于可编程逻辑器件的设计。

1.4.1 VHDL、Verilog 和 ABEL 三种语言的对比

下面从使用角度对 VHDL、Verilog 和 ABEL 三种语言进行对比。

1.逻辑描述层次

VHDL 语言是一种高级描述语言,适用于行为级和 RTL 级的描述,最适于描述电路的行为;Verilog 语言和 ABEL 语言是一种较低级的描述语言,适用于 RTL 级和门电路级的描述,最适合描述门电路级。

2.设计要求

使用 VHDL 进行电子系统设计时可以不了解电路的内部结构,设计者所做的工作较少;使用 Verilog 语言和 ABEL 语言进行电子系统设计时需了解电路的详细结构,设计者需要做大量的工作。

3.综合过程

任何一种语言源程序,最终都要转换成门电路级才能被布线器或适配器所接受。因此,VHDL 语言源程序的综合通常要经过行为级—RTL 级—门电路级的转化,几乎不能直接控制门电路的生成。而 Verilog 语言和 ABEL 语言源程序的综合过程较为简单,即通过 RTL 级—门电路级的转化,易于控制电路资源。

4.对综合器的要求

VHDL 语言描述层次较高,不易控制底层电路,因而对综合器的性能要求较高,Verilog 语言和 ABEL 语言对综合器的要求较低。

1.4.2 VHDL 语言

VHDL 语言由电子电气工程师学会(IEEE, Institute of Electrical and Electronics Engineers)进一步发展,并在 1987 年作为"IEEE 标准 1076"发布。从此,VHDL 成为硬件描述语言的业界标准之一。自 IEEE 公布了 VHDL 的标准版本之后,各 EDA 公司相继推出了自己的 VHDL 设计环境,或宣布自己的设计工具支持 VHDL。此后,VHDL 在电子设计领域得到了广泛应用,并逐步取代了原有的非标准硬件描述语言。

VHDL 作为一个规范语言和建模语言,随着 VHDL 的标准化,出现了一些支持该语言的行为仿真器。由于创建 VHDL 的最初目标是用于标准文档的建立和电路功能模拟,其基本想法是在高层次上描述系统和元件的行为。但到了 20 世纪 90 年代初,人们发现,VHDL 不仅可以作为系统模拟的建模工具,而且可以作为电路系统的设计工具;可以利用软件工具将 VHDL 源码自动地转化为文本方式表达的基本逻辑元件连接图,即网表文件。这种方法显然对于电路自动设计是一个极大的推进。很快,电子设计领域出现了第一个软件设计工具,即 VHDL 逻辑综合器,它把标准 VHDL 的部分语句描述转化为具体电路实现的网表文件。

1993 年,IEEE 对 VHDL 进行了修订,从更高的抽象层次和系统描述能力上扩展了 VHDL 的内容,公布了新版本的 VHDL,即 IEEE 标准的 1076—1993 版本。现在,VHDL 和 Verilog 作为 IEEE 的工业标准硬件描述语言,得到众多 EDA 公司的支持,在电子工程领域,已成为事实上的通用硬件描述语言。

VHDL 语言具有很强的电路描述和建模能力,能从多个层次对数字系统进行建模和描述,从而大大简化了硬件设计任务,提高了设计效率和可靠性。

用 VHDL 完成一个确定的设计,可以利用 EDA 工具进行逻辑综合和优化,并自动把 VHDL 描述设计转变成门级网表(根据不同的实现芯片)。这种方式突破了门级设计的瓶颈,极大地减少了电路设计的时间和可能发生的错误,降低了开发成本。利用 EDA 工具的逻辑优化功能,可以自动地把一个综合后的设计变成一个更小、更高速的电路系统。反过来,设计者还可以容易地从综合和优化的电路获得设计信息,返回去更新修改 VHDL 设计描述,使之更加完善。

VHDL 具有与具体硬件电路和设计平台无关的特性,并且具有良好的电路行为描述和系统描述的能力,同时在语言易读性和层次化、结构化设计方面,表现了强大的生命力和应用潜力。因此,VHDL 在支持各种模式的设计方法、自上而下与自下而上或混合方法方面,在面对当今许多电子产品的生命周期缩短、需要多次重新设计以溶入最新技术、改变工艺等方面都表现了良好的适应性。利用 VHDL 进行电子系统设计,其中一个很大的优点是设计者可以专心致力于其功能的实现,而不需要对不影响功能的与工艺有关的因素花费过多的时间和精力。

1.5　EDA 与传统电子设计方法

1.5.1　EDA 设计方法概述

1. 传统的"自下而上"设计方法

传统的电子设计技术通常是"自下而上"的,即首先确定构成系统的底层的电路模块或元件的结构和功能,然后根据主系统的功能要求,将它们组合成更大的功能块,使它们的结构和功能满足上层系统的要求。依此流程,逐步向上递推,直至完成整个目标系统的设计。对于一般的电子系统的设计,使用"自下而上"的设计方法,必须首先决定使用的器件类别和规格,如74 系列的器件、某种 RAM 和 ROM、某类 CPU 或单片机,以及某些专用功能芯片等;然后是构成多个功能模块,如数据采集控制模块、信号处理模块、数据交换和接口模块等,直至最后利用它们完成整个系统的设计。这样的设计方法如同一砖一瓦地建造金字塔,不仅效率低、成本高,而且容易出错。

对于 ASIC 设计,则是根据系统的功能要求,首先从绘制硅片版图开始,逐级向上完成版图级、门级、RTL 级、行为级、功能级,直至系统级的设计。在这个过程中,任何一级发生问题,通常都不得不返工重来。

"自下而上"设计方法的特点是必须首先关注并致力于解决系统底层硬件的可获得性,以及它们的功能特性方面的诸多细节问题;在整个逐级设计和测试过程中,必须始终顾及具体目标器件的技术细节。在这个设计过程中的任一时刻,底层目标器件的更换,或某些技术参数不满足总体要求,或缺货,或由于市场竞争的变化,临时提出降低系统成本、提高运行速度等不可预测的外部因素,都将可能使前面的工作前功尽弃。由此可见,在某些情况下,"自下而上"的设计方法是一种低效、低可靠性、费时费力且成本高昂的设计方法。

2. EDA 的"自上而下"设计方法

EDA 技术为我们提供了一种"自上而下"的全新设计方法。这种设计方法首先从系统设计入手,在顶层进行功能方框图的划分和结构设计。在方框图一级进行仿真、纠错,并用硬件描述语言对高层次的系统行为进行描述,在系统一级进行验证;然后用综合优化工具生成具体电路的网表,其对应的物理实现级可以是印刷电路板或专用集成电路。由于设计的主要仿真和调试过程是在高层次上完成的,这不仅有利于早期发现结构设计上的错误,避免设计工作的浪费,而且也减少了逻辑功能仿真的工作量,提高了设计的一次成功率。

1.5.2　EDA 设计方法的优势

1. 降低设计成本,缩短设计周期

用 HDL 语言对数字电子系统进行抽象的行为与功能描述到具体的内部线路结构描述,可以在电子设计的各个阶段、各个层次进行计算机模拟验证,保证设计过程的正确性,从而大大降低设计成本,缩短设计周期。

EDA 工具之所以能够完成各种自动设计过程,关键是有各类库的支持,如逻辑仿真时的模拟库、逻辑综合时的综合库、版图综合时的版图库、测试综合时的测试库等。这些库都是EDA 公司与半导体生产厂商紧密合作、共同开发的。

2. 简化设计文档的管理

某些 HDL 语言也是文档型的语言(如 VHDL),极大地简化了设计文档的管理。

3. 逻辑设计仿真测试技术强大

EDA 技术中最具现代电子设计技术特征的功能是日益强大的逻辑设计仿真测试技术。EDA 仿真测试技术只需通过计算机,就能对所设计的电子系统的各种不同层次的系统性能进行一系列准确的测试与仿真操作,在完成实际系统的安装后,还能对系统上的目标器件进行所谓边界扫描测试,通过嵌入式逻辑分析仪进行逻辑分析。这一切都极大地提高了大规模系统电子设计的自动化程度。

4. 设计用 HDL 可选性大

用 HDL 成功表达的专用功能设计在实现目标方面有很大的可选性,它既可以用不同来源的通用 FPGA/CPLD 实现,也可以直接以 ASIC 来实现,设计者拥有完全的自主权。

5. 良好的可移植与可测试性

EDA 技术的设计语言是标准化的,不会由于设计对象的不同而改变;它的开发工具是规范化的,EDA 软件平台支持任何标准化的设计语言;它的设计成果是通用性的,IP 核具有规范的接口协议。良好的可移植与可测试性,为系统开发提供了可靠的保证。

6. 所有设计环节纳入统一的"自上向下"的设计方案中

从电子设计方法学来看,EDA 技术最大的优势就是能将所有设计环节纳入统一的"自上向下"的设计方案中。

7. 充分利用计算机的自动设计能力

EDA 不但在整个设计流程上充分利用计算机的自动设计能力,在各个设计层次上利用计算机完成不同内容的仿真模拟,而且在系统板设计结束后仍可利用计算机对硬件系统进行完整的测试。

1.6 IP 核

1.6.1 IP的基本概念

IP(Intellectual Property)就是知识产权核或知识产权模块的意思,在 EDA 技术和开发中具有十分重要的地位。著名的美国 Dataquest 咨询公司将半导体产业的 IP 定义为用于 ASIC 或 FPGA/CPLD 中的预先设计好的电路功能模块。IP 分硬核、软核和固核。

IP硬核是经过流片验证过的版图形式的设计,在集成到芯片中的时候已有具体的物理形态和尺寸,与特定 Foundry 厂的工艺相关。在实际的商用芯片设计中,IP 硬核的主要来源是 IP 专职供应商、设计服务公司和 Foundry 厂等。软核是用硬件描述语言或 C 语言写成,用于功能仿真的设计。固核是在软核的基础上开发的,是一种可综合的并带有布局规划的软核。

由于通信系统越来越复杂,PLD 的设计也更加庞大,这增加了市场对 IP 核的需求。各大 FPGA/CPLD 厂家相继开发新的商品 IP,并且开始提供"硬件"IP,即将一些功能在出厂时就固化在芯片中。在芯片设计中采用 IP 是 IC 设计进入 SOC 时代的必然选择,它可以达到提高设计效率、节省人力、满足及时上市的要求。

国外 IP 的商业模式已较成熟,作为以知识形态出现的特殊产品,IP 的获利方式主要有三种:一是通过支付授权费(Licence Fee)方式,这类交易是通过一次性支付 IP 单次或多次授权使用费,从而获得在一种或多种设计中应用 IP 的权利;二是通过专利费(Royalty)方式,这类交易是通过先支付一笔"不反复出现的工程费用"(NRE),再在集成了 IP 的芯片流片生产时,按每片交付一定的专利费而获得 IP 的使用权;三是通过收取服务/维护费用。用户在获得某种 IP 后,可能在一年内需要针对特定设计对 IP 工艺参数做某种修改,这可以通过预先购买相关的服务/维护来实现。

目前,国内 IP 还面临商业模式本地化的问题。国外的 IP 交易模式在国内不一定完全适用,因为国外 IP 交易已很普遍,而国内不少 IC 设计公司则面临"第一次吃螃蟹"的问题,面对价格不菲的 IP,用户因不了解其内部详细设计,还心存顾虑。这两年国内 IP 的商业化以嵌入式 CPU 为主,用在 PDA 等移动办公产品上。随着国内 IC 设计公司对采用 IP 进行设计达到普遍认同,IP 的使用会有较快增长,尤其在通信 SOC 设计中会集成更多的模拟、混合信号 IP。

1.6.2 IP的主要来源

1.芯片设计公司的自身积累

传统 IDM 公司或 Fabless 设计公司在多年的芯片设计中往往有自身的技术专长,如 Intel 的处理器技术、TI 的 DSP 技术、Motorola 的嵌入式 MCU 技术、Trident 的 Graphics 技术等。这些技术成功地开发了系列芯片,并在产品系列发展过程中确立了设计重用的原则,一些成功设计成果的可重用部分经多次验证和完善形成了 IP。这些 IP 往往是硬核,如果这类硬核作为可提供给其他芯片设计公司使用的 IP,就成了商品化的 IP。

2.Foundry 的积累

没有自主研发的芯片,但从事芯片代加工的 IC 厂商——Foundry,为了吸引更多的芯片设计公司投片,往往设立后端设计队伍,以配合后端设计能力较弱的芯片设计公司开展布局布线工作。这支设计队伍也积累了一定的芯片设计经验,并积累了少量的 IP(主要是 Memory、E^2PROM 和 Flash Memory 等),这些 IP 可以被需要集成或愿意在该 Foundry 厂流片的公司采用。

此外,IP 专职供应商与主要的 Foundry 厂商有长期的合作关系,经过投片验证的 IP 可由 Foundry 厂向用户提供,IP 专职供应商从中提取一定利润。

3.专业 IP 公司

专业 IP 公司是 20 世纪 90 年代中期兴起的,迎接 SOC 时代到来的设计公司。这类公司的特点是已经认识到将自身多年积累的 IP 资源转化成商品的商业价值,因此,它们不仅提供已经成熟的 IP,同时针对当前的技术热点、难点开发芯片设计市场急需的 IP 核。它们提供的 IP 同样有硬核、固核和软核之分,但通过与 Foundry 厂合作,及时对所开发的 IP 核进行流片验证是 IP 硬核供应商的通行做法,这也是 IP 核及早面市的必要措施。

ARM、Motorola、MIPS 是提供嵌入式 MCUIP 核的主要专业公司;LEDA 是模拟、混合信号 IP 硬核的最主要供应商,它同时还针对当前通信市场的需求开发并提供宽带应用、蓝牙和光通信(SONET/SDH)的 IP 核。上述这些公司都是当今芯片设计行业中专业 IP 供应商的代表。这些专业 IP 供应商的业务重点是开发 IP 核,对于进入自身所不熟悉的地区,则往往通过与当地的芯片设计服务公司结成合作伙伴或战略联盟来实现。

4.EDA 厂商

在美国,EDA 厂家也是提供 IP 资源的一个主要渠道,占到 IP 交易量的 10% 左右。主要的 EDA 厂商为了提供更适合 SOC 设计的平台,在其工具中集成了各类 IP 核以方便用户的 IP 嵌入设计,这些 IP 核基本是以软核形式出现。EDA 厂商也并不直接设计开发 IP 核,而是与一些提供 IP 软核的设计公司合作,提供一种集成 IP 核的设计环境。

由于集成的 IP 核多为软核,用户还要对这些软核做综合、时序分析、验证等工作,对用户的“及时上市”要求没有本质性改善,在 IP 核的支持、服务方面也存在诸多不便。因此,在国内的 EDA 厂家目前仍以经营 EDA 工具为主,从人员配备上讲,几乎没有提供 IP 资源的服务力量。

5.设计服务公司

芯片设计服务公司是目前能立即向国内 IC 设计公司提供 IP 硬核的最主要途径,除了自身积累的 IP 外,通过与 IP 专业供应商的战略合作关系向国内用户提供各类 IP。芯片设计服务公司是与用户直接打交道的,它们了解市场需求的 IP 类型,其 IP 资源库中积累的往往是最实用的 IP。

我国台湾省较有名的芯片设计服务公司有创意电子、智原科技等,它们除了积累有一定量自己的 IP 硬核外,还与专业 IP 供应商,如 ARM 结成合作伙伴向用户提供更丰富的 IP 资源。大陆的芯片设计服务公司有泰鼎(上海),目前可为用户提供 300 多种 IP 硬核,涉及高速数字逻辑、I/O 模块、模拟、混合信号和 RF 等领域。

目前,国内还没有像国外那种专门设计 IP 硬核的公司,芯片设计公司的成功设计还不能被称为 IP。但国内已经有专门提供软核的公司,以 RTL 形式提供给用户。

目前,尽管对 IP 还没有统一的定义,但 IP 的实际内涵已有了明确的界定。首先,它必须是为了易于重用而按嵌入式专门设计的。即使是已经被广泛使用的产品,在决定作为 IP 之前,一般来说也需要再做设计,使其更易于在系统中嵌入。比较典型的例子是嵌入式 RAM,由于嵌入后已经不存在引线压点的限制,所以在分立电路中不得不采取措施,在嵌入式 RAM 中去掉地址分时复用、数据串并转换以及行列等分译码等,不仅节省了芯片面积,而且大幅提高了运算速度。

其次是必须实现 IP 模块的优化设计。优化的目标通常可用"四最"来表达,即芯片的面积最小、运算速度最快、功率消耗最低、工艺容差最大。所谓"工艺容差大"是指所做的设计可以经受更大的工艺波动,是提高加工成品率的重要保障。这样的优化目标是普通的自动化设计过程难以达到的,但是对于 IP 却又必须达到。因为 IP 必须能经受得起成千上万次的使用。显然,IP 的每一点优化都将产生千百倍甚至更大的倍增效益。因此,基于晶体管级的 IP 设计便成为完成 IP 设计的重要的途径。

再次,就是要符合 IP 标准。这与其他 IC 产品一样,IP 进入流通领域后,也需要有标准。于是在 1996 年以后,可重用专用 IP 开发者(RAIPD,Reusable Application Specific Intellectual Property Developers)、虚拟接口联盟(VSIA,Virtual Socket Interface Alliance)等组织相继成立,协调并制订 IP 重用所需的参数、文档、检验方式等形式化的标准,以及 IP 标准接口、片内总线等技术性的协议标准。虽然这些工作已经开展了多年,也制订了一些标准,但至今仍有大量问题有待解决。例如,不同嵌入式处理器协议的统一、不同 IP 片内结构的统一等问题。

1.6.3　IP 现状

1.中国国家 IP 核库已建成

2004 年 8 月,中国国家软件与集成电路公共服务平台宣布,由软件与集成电路促进中心 CSIP 筹建的国家 IP 核库已经建成。国家 IP 核库将在 IP 供应商和 IP 用户之间发挥桥梁和纽带的作用。目前 CSIP 国家 IP 核库已经发展会员 30 多家,与 26 家 IP 供应商签订了合作协议,共收集了 19 大类 1 000 多个 IP、超过 900 个标准单元库的 IP 模块。国家 IP 核库以丰富的 IP 核资源为依托,可为用户提供 IP 检索、IP 设计资料下载等免费服务。国家 IP 核库还将提供 IP 价格咨询服务,并建立 IP 验证平台,为 IP 用户提供购买前的 IP 功能验证服务,可为 IP 厂商解决各种实际问题,促进 IP 商业模式的形成,推动集成电路产业的发展。

2.IP 标准化组织已成立

集成电路 IP 核标准工作组成立于 2001 年,工作组以促进我国 IP 核产业的发展为目的,产学研相结合,在研究国际 IP 核标准的基础上,建立科学完善的 IP 核技术标准体系,制定我国 IP 核技术标准体系表及 IP 核技术标准草案,并最终形成我国的 IP 核技术标准。2003 年,信息产业部科技司制定并颁布了《信息产业部电子标准工作组管理办法》。截至 2003 年底,信息产业部共组建 22 个专项电子标准工作组。

国际上,1996 年虚拟接口联盟 VSIA 成立,该联盟的成立是为了推动多个来源 IP 核之间的"混合搭配"而制订开放标准,加速 SOC 开发。Synopsys 公司和 Mentor Graphics 公司合作开展了著名的 OpenMORE(Open Measure of Reuse Excellence)项目。还有类似的组织如"虚拟器件交换"等。

3.IP 内核集成尚存问题

时至今日,电子界还没有可以普遍接受的 IP 核规范,不同用户对 IP 核所需要满足的要求也不尽相同,导致用户难以在设计中融合不同供应商提供的 IP 核。不同的组织都提出了 IP 核应满足的标准,但没有一个为大家所广泛接受的规范,IP 核集成的诸多问题仍难以避免。

IP 核的建立时间、保持时间等都可能是固定的,但未必能够满足用户的要求,其他电路在设计时都必须考虑与其进行正确的接口。如果 IP 核具有固定布局或部分固定的布局，那么这还将影响到系统中其他电路的布局。

硬核的设计规则和版图固定，性能能够保证但可复用性窄；软核版图设计自由度高，但难以严密保证性能。IP 核复用仍有许多课题有待于解决，如设计工具开发、设计标准化和 IP 评价方法、流通市场的形成、IP 保护技术等。虽然签订"核不扩散"协议，IP 保护还是一个问题，高效完善的 IP 交易平台也还没有建立。

总体上，我国在 IP 设计方面尚处于起步阶段，其发展速度还远远落后于 IP 的应用需求，这为我国未来的 IP 设计工程师提供了广阔的施展空间。

第2章 PLD 结构与应用

内容提要:可编程逻辑器件主要有简单可编程逻辑器件(SPLD)、复杂可编程逻辑器件(CPLD)、现场可编程门阵列(FPGA)、在系统可编程逻辑器件(ISP)等。本章介绍 GAL、CPLD、FPGA 的基本结构、工作原理和初步的编程方法。

2.1 PLD 的分类和特点

20 世纪 80 年代以来,集成电路领域出现了一系列生命力强、发展迅速的新型器件,即可编程逻辑器件(PLD,Programmable Logic Device),这是一种可以由用户根据自己的要求来构造具有某种逻辑功能的数字集成电路器件。第 1 章简要介绍了 PLD 的发展历程和特点,本章具体介绍 PLD 的基本结构。

2.1.1 PLD 的基本结构

PLD 的基本结构是由与阵列、或阵列、输入缓冲电路和输出电路组成,其组成框图如图2.1所示。其中与阵列和或阵列是核心,与阵列用来产生乘积项,或阵列用来产生乘积项之和形式的函数,输入缓冲电路可以产生输入变量的原变量和反变量,输出结构可以是组合输出、时序输出或是可编程输出,输出信号还可以通过反馈通道馈送到输入端。

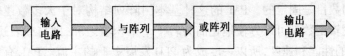

图 2.1 PLD 基本结构框图

2.1.2 PLD 的分类

PLD 的分类没有统一标准,按其复杂程度及结构的不同,一般分为 4 种:简单可编程逻辑器件(SPLD)、复杂可编程逻辑器件(CPLD)、现场可编程门阵列(FPGA)和在系统可编程逻辑器件(ISP)。

1.简单可编程逻辑器件(SPLD)

通常按集成度将 PROM、PLA、PAL 和 GAL 称为简单可编程逻辑器件(SPLD)。SPLD 的典型结构是由与门阵列和或门阵列组成,能够以"积之和"的形式实现布尔逻辑函数。因为任意一个组合逻辑都可以用"与 - 或"表达式来描述,所以,SPLD 能够完成大量的组合逻辑功能,并且具有较高的速度和较好的性能。

PLD 中所用的单元器件数目很多，按常规绘制电路原理图非常不便，所以制造厂商推出了一套简化的连接方式和表示方法，如图 2.2 和图 2.3 所示。

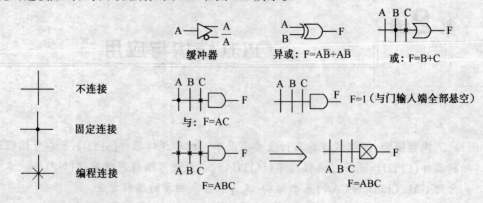

图 2.2　PLD 中的连接方式　　　　　图 2.3　PLD 电路中器件的表示方法

当与阵列固定、或阵列可编程时，称为可编程只读存储器（PROM）。这种可编程逻辑器件一般用作存储器，其输入为存储器的地址，输出为存储单元的内容。由于与阵列采用全译码器，随着输入的增多，阵列的规模按输入的 2^n 增长。当输入的数目太大时，器件的功耗增加，而阵列开关时间超长也会导致其速度缓慢。但 PROM 价格低，易于编程，同时没有布局、布线问题，性能完全可以预测。此外，它不可擦除、不可重写的局限性也因 EPROM、E^2PROM 的出现而得到解决，因而还具有一定的应用价值。

当与阵列和或阵列都可编程时，称为可编程逻辑阵列（PLA）。由于与阵列可编程，使得 PROM 中由于输入增加而导致规模增加的问题不复存在，从而有效地提高了芯片的利用率。PLA 用于含有复杂的随机逻辑置换的场合较为理想，但由于其速度慢和价格相对高，价格妨碍了它的广泛使用。

当或阵列固定、与阵列可编程时，称为可编程阵列逻辑（PAL）。与阵列的可编程特性使输入项可以增加，而固定的或阵列又使器件得到简化。在这种结构中，每个输出是若干乘积项之和，其中乘积项的数目是固定的。PAL 的这种基本门阵列结构对于大多数逻辑函数是很有效的，因为大多数逻辑函数都可以方便地化简为若干个乘积项之和，即与或表达式，同时这种结构也提供了较高的性能和速度，所以一度成为 PLD 发展史上的主流。PAL 有几种固定的输出结构，不同的输出结构对应不同的型号，设计时可根据实际需要进行选择。

PAL 的第二代产品是 GAL，吸收了先进的浮栅技术，并与 CMOS 的静态 RAM 结合，形成了 E^2PROM 技术，从而使 GAL 具有可电擦写、重复编程、设置保密的功能。GAL 的结构和 PAL 基本一样，但 GAL 在输出端增加了通用结构输出逻辑宏单元（OLMC）。若想改变输出方式，通过软件对其编程即可实现，而不必像 PAL 那样必须进行硬件的改变，这给设计者带来了很大方便，使用过程中，一种 GAL 器件可以替代相同管脚数的所有 PAL 器件。

目前常用的几种 GAL 器件见表 2.1，但通常指表中前两种。

表 2.1　GAL 器件

器件名称	与阵列规模 (乘积项×输入项)	OLMC 数 (最大输出数)	特　　点
GAL16V8	64×32	8	普通型
GAL20V8	64×40	8	普通型
GAL39V18	64×78	10	FPLA 结构，与阵列和或阵列都可编程
ispGAL16Z8	64×32	8	在系统可编程逻辑器件

图 2.4 所示为 GAL16V8 的管脚图，它有 20 个管脚，含义如下：10、20 管脚分别为地(GND)和电源(VCC)；1 脚为时序电路时钟端；11 脚为使能端，有 16 个输入端，分别为 2～9、12～19 管脚；共有 8 个输出端，分别为 12～19 管脚。从图 2.5 中可见，GAL16V8 与阵列为编程阵列，共 64 行，分成 8 组，每组 8 个与项；共 32 列，由互补输出的 8 个输入缓冲器和 8 个反馈缓冲器产生。

图 2.4　GAL16V8 管脚图

对 GAL 器件进行编程，需要有一台计算机和一套 GAL 开发器。利用 GAL 器件进行逻辑设计时，一般要经过以下几步：

(1) 按逻辑要求选择器件类型，主要考虑输入输出管脚数量。

(2) 选择一种合适的编程软件，如 FM、ABEL、CUPL 等编制相应的源文件。

(3) 上机调试源文件后，经过相应的编译程序生成 XX.JED(熔丝图文件)。

(4) 将编程器和计算机连接，利用编程下载文件对 GAL 编程。GAL 被编程后，还可利用检验程序对所写内容进行检验，准确无误后对 GAL 加密。

综上，我们对 4 种 SPLD 进行比较，见表 2.2。

表 2.2　4 种 SPLD 的比较

PLD 类型	与　阵　列	或　阵　列	输　　出
PROM	固　定	可编程，一次性	三态，集电极开路
PLA	可编程，一次性	可编程，一次性	三态，集电极开路，寄存器
PAL	可编程，一次性	固　定	三态，I/O，寄存器互补带反馈
GAL	可编程，多次性	固定或可编程	输出逻辑宏单元，组态由用户定义

PLD 内部电路虽然十分复杂，但其实现可编程的基本方法不外乎通过与阵列和或阵列的编程(如表 2.2 中 PROM 或阵列可编程，PLA 与阵列和或阵列都可编程，PAL 和 GAL 与阵列可编程)，通过改变内部连接线的编程和数据传输方向的编程来构成功能复杂的逻辑电路。

2. 复杂可编程逻辑器件(CPLD)

复杂可编程逻辑器件出现在 20 世纪 80 年代末期，其结构区别于早期的 SPLD：SPLD 为逻辑门编程，而 CPLD 为逻辑板块编程，即以逻辑宏单元为基础，加上内部的与或阵列和外围的输入/输出模块，不但实现了除简单逻辑控制之外的时序控制，又扩大了在整个系统中的应用范围和扩展性，详细介绍见 2.2 节。

3. 现场可编程门阵列(FPGA)

现场可编程门阵列是一种可由用户自行定义配置的高密度专用集成电路。它将定制的 VLSI 电路的单片逻辑集成优点和用户可编程逻辑器件的设计灵活、工艺实现方便、产品上市快捷的长处结合起来;器件采用逻辑单元阵列结构,静态随机存取存储工艺,可重复编程,并可现场模拟调试验证。详细介绍见 2.4 节。

4. 在系统可编程逻辑器件(ISP)

在系统可编程逻辑器件是一种新型可编程逻辑器件,采用先进的 E^2CMOS 工艺,结合传统的 PLD 的易用性、高性能和 FPGA 的灵活性、高密度等特点,可在系统内进行编程。

2.2　CPLD 简介

2.2.1　CPLD 产品概述

最初在 EPROM 和 GAL 的基础上,许多公司推出了可擦除、可编程逻辑器件,也就是 EPLD。近年来随着逻辑器件的密度越来越高,许多公司把原来的 EPLD 产品改称为 CPLD。为了和 FPGA、ISPPLD 加以区别,一般把采用 EPROM 结构实现较大规模电路设计的 PLD 称为 CPLD。

CPLD 可以看作是将多个可编程阵列逻辑 PAL 器件集成到一个芯片上,具有类似 PAL 的结构。CPLD 至少包含三种结构:可编程逻辑功能块(FB);可编程 I/O 单元和可编程内部连线。其中 FB 包含乘积项、宏单元等。

目前,世界上主要的半导体器件公司,如 Altera、Xilinx 和 Lattice 公司等,都生产 CPLD 产品。不同公司生产的 CPLD 有不同的特点,但总体结构大致相似。本节将以 Altera 公司的 MAX7000 系列器件为例来介绍 CPLD 的基本原理和结构。

2.2.2　Altera 公司 MAX7000 系列 CPLD 的结构

MAX7000 系列是高密度、高性能的 CMOS CPLD,提供 600～5 000 个可用门,引脚之间的延时为 6 ns,计数器频率可达 151.5 MHz。它主要由逻辑块、宏单元、扩展乘积项、可编程连线阵列和 I/O 控制模块组成,MAXEPM7128S 是 Altera MAX7000S 家族的一员。MAXEPM7128S 具有 2 500 个可用门,128 个宏单元,8 个逻辑阵列块。如图 2.5 所示为 MAXEPM7128S 的 PLCC 封装的引脚图,表 2.3 为 MAXEPM7128S 的引脚说明,其中 TDI、TMS、TCK、TDO 为在系统编程引脚。

表 2.3　MAXEPM7128S 的引脚说明

引 脚 名	引 脚 号
INPUT/GCLK1	83
INPUT/GCLRn	1
INPUT/OE1	84
INPUT/OE2/GCLK2	2
TDI	14
TMS	23
TCK	62

续表 2.3

引　脚　名	引　脚　号
TDO	71
GNDINT	42,82
GNDIO	7,19,32,47,59,72
VCCINT(5.0 V Only)	3,43
Total User I/O Pins	共 68 个

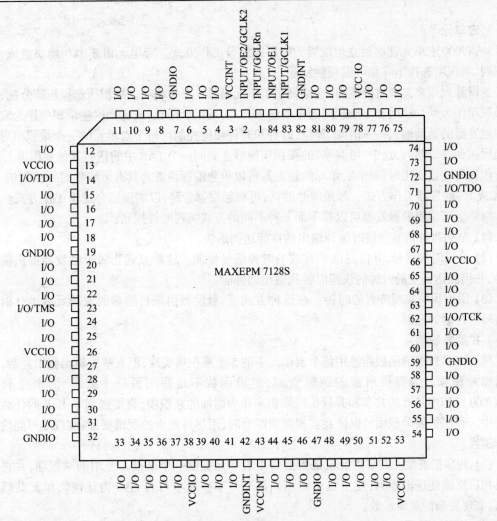

图 2.5　MAXEPM7128S 的引脚图

　　MAX7000 结构中包括逻辑阵列块、宏单元、扩展乘积项(共享和并联)、可编程连线阵列和 I/O 控制块 5 部分。另外,其结构中还包括 4 个专用输入,可以作为通用输入,或作为每个宏单元和 I/O 引脚的高速、全局的控制信号。下面简单介绍一下 MAX7000 各个部分的结构及功能。

1.逻辑阵列块(LAB)

MAX7000 结构主要是由高性能的、灵活的逻辑阵列块(LAB)及它们之间的连线构成。每个 LAB 由 16 个宏单元组成,多个 LAB 通过可编程连线阵(PIA)和全局总线连接在一起。全局总线由所有的专用输入、I/O 引脚和宏单元馈给信号组成。

每个 LAB 均有如下输入信号:

(1) 来自通用逻辑输入的 PIA 的 36 个信号。

(2) 用于寄存器辅助功能的全局控制信号。

(3) 从 I/O 引脚到寄存器的直接输入通道,用于实现 MAX7000E 和 MAX7000S 器件的快速建立。

2.宏单元

MAX7000 宏单元能够独立地配置为时序或组合工作方式。宏单元由 3 个功能块组成:逻辑阵列、乘积项选择矩阵和可编程触发器。

逻辑阵列用来实现组合逻辑,它给每个宏单元提供 5 个乘积项。乘积项选择矩阵分配,这些乘积项作为到"或"门和"异或"门的主要输入,以实现组合函数;或者把这些乘积项作为宏单元中触发器的辅助输入——清除、置位、时钟和时钟使能控制。每个宏单元的一个乘积项可以反相回送到逻辑阵列,这个"可共享"的乘积项能够连到同一个 LAB 中的任何其他乘积项上。

作为寄存器使用时,每个宏单元的触发器可以单独编程设置为具有可编程时钟控制的 D、T、JK 或 RS 触发器工作方式。如果需要的话,可将触发器旁路,以实现组合逻辑工作方式。

每一个可编程的触发器可以按下面三种不同的方式实现时钟控制:

(1) 全局时钟信号能使时钟到输出的性能达到最快。

(2) 全局时钟信号,并由高电平有效的时钟信号使能。这种方式为每个触发器提供使能信号,并仍能达到全局时钟的快速时钟到输出的性能。

(3) 用乘积项实现阵列的时钟。在这种方式下,触发器由来自隐含的宏单元或 I/O 引脚的信号进行时钟控制。

3.扩展乘积项

尽管大多数逻辑函数能够用每个宏单元中的 5 个乘积项实现,但有些逻辑函数很复杂,需要附加乘积项。为提供所需的逻辑资源,逻辑函数不是利用另一个宏单元,而是利用 MAX7000 结构中具有的共享和并联扩展乘积项作为附加的乘积项,直接送到本 LAB 的任意宏单元中。利用扩展乘积项可保证在实现逻辑综合时,用尽可能少的逻辑资源,实现尽可能快的工作速度。

(1) 共享扩展项。共享扩展项是指由每个宏单元提供一个未投入使用的乘积项,并将它们反相后反馈到逻辑阵列,便于集中使用。每个共享扩展项可为 LAB 内任何宏单元共同使用,以实现复杂的逻辑函数。

(2) 并联扩展项。并联扩展项是指宏单元中一些没有使用的乘积项,可以被分配到邻近的宏单元去实现快速复杂的逻辑函数。并联扩展项允许多达 20 个乘积项直接馈送到宏单元的"或"逻辑中。其中 5 个乘积项由宏单元本身提供,15 个并联扩展项由 LAB 中邻近的宏单元提供。

4.可编程连线阵列(PIA)

通过可编程连线阵列可以把各 LAB 相互连接构成所需的逻辑。全局总线是可编程通道,可以把器件中的任何信号源连到其目的地。MAX7000 的专用输入、I/O 引脚和宏单元输出均馈送到 PIA,PIA 可把这些信号送到整个器件内的各个地方。只有每个 LAB 都需信号连接时,才真正布置从 PIA 到该 LAB 的连线,如图 2.6 所示。

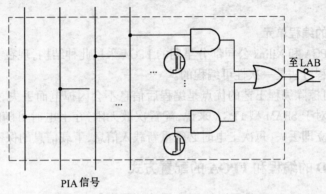

PIA 信号

图 2.6　PIA 布线

5. I/O 控制块

I/O 控制块允许每个 I/O 引脚单独地配置成输入、输出或双向工作方式。所有 I/O 引脚都有一个三态缓冲器,它由全局输出使能信号中的一个控制,或者把使能端直接连接到地(GND)或电源(V_{CC})上。当三态缓冲器的控制端接地时,其输出为高阻态,此时 I/O 引脚可用作专用输入引脚。当三态缓冲器的控制端接电源时,输出被使能。MAX7000E 和 MAX7000S 器件有 6 个全局输出使能信号,它们可由以下信号驱动:两个输出使能信号、一个 I/O 引脚集合或一个 I/O 宏单元,并且也可以是这些信号"反相"后的信号。MAX7000 结构提供了双 I/O 反馈,且宏单元和引脚的反馈是相互独立的。当 I/O 引脚配制成输入时,有关的宏单元可用于隐含逻辑。

2.3　CPLD 的编程与配置

在大规模可编程逻辑器件出现以前,人们在设计数字系统时,把器件焊接到电路板上是设计的最后一个步骤。当设计存在问题需要解决时,设计者往往不得不重新设计印制电路板。设计周期被无谓地延长了,设计效率也很低。CPLD、FPGA 的出现改变了这一切。现在,人们在逻辑设计时可以在未设计具体电路时,就把 CPLD、FPGA 焊接在印制电路板上,然后在设计调试时可以一次又一次随心所欲地改变整个电路的硬件逻辑关系,而不必改变电路板的结构。这一切都有赖于 CPLD、FPGA 的在系统下载或重新配置功能。本节主要介绍 CPLD 的编程和配置方式。

2.3.1　大规模可编程逻辑器件的编程工艺

目前常见的大规模可编程逻辑器件的编程工艺有以下三种。

1. 基于电可擦除存储单元的 E²PROM 或 Flash 技术

CPLD 一般使用此技术进行编程。CPLD 被编程后改变了电可擦除存储单元中的信息,掉电后存储单元中信息可保持。

2.基于 SRAM 查找表的编程单元

大部分 FPGA 采用该种编程工艺。对该类器件,编程信息是保持在 SRAM 中的,掉电后立即丢失,在下次上电后,还需要重新载入编程信息,因此该类器件的编程一般称为配置(configure)。

3.基于反熔丝的编程单元

Actel 公司的 FPGA 和 Xilinx 公司部分早期的 FPGA 采用此种结构,现在 Xilinx 公司已不采用。反熔丝技术编程方法是一次性可编程的。

相比之下,电可擦除编程工艺的优点是编程后信息不会因掉电而丢失,但编程次数有限,编程的速度不快。对于 SRAM 型 FPGA 来说,配置次数无限,在上电时可随时更改逻辑,但掉电后芯片中的信息立即丢失,每次上电时必须重新载入信息,下载信息的保密性也不如前者。

2.3.2　CPLD 的编程和 FPGA 的配置方式

CPLD 的编程和 FPGA 的配置可以使用专用的编程设备,也可以使用下载电缆。如 Altera 公司的 ByteBlaster(MV)（MV 即混合电压）并行下载电缆,连接 PC 机的并行打印口和需要编程或配置的器件,并与 MAX + plus Ⅱ 配合即可以对 Altera 公司的多种 CPLD、FPGA 进行配置或编程。ByteBlaster(MV)并行下载电缆与 Altera 器件的接口一般是 10 芯的接口,引脚对应关系如图 2.7 所示,10 芯连接信号如表 2.4 所示。

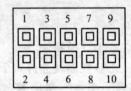

图 2.7　10 芯下载接口

表 2.4　10 芯下载接口各引脚信号名称

引　脚	1	2	3	4	5	6	7	8	9	10
PS 模式	DCK	GND	CONF_DONE	V_{CC}	nCONFIG	–	nSTATUS	–	DATA0	GND
JATC 模式	TCK	GND	TDO	V_{CC}	TMS	–	–	–	TDI	GND

注:"–"表示不连接。

在系统可编程(ISP)就是当系统上电并正常工作时,计算机通过系统中的 CPLD 的 ISP 接口直接对其进行编程,器件在编程后立即进入正常工作状态。这种 CPLD 编程方式的出现,改变了传统的使用专用编程器编程的诸多不便。如图 2.8 所示为 Altera 公司的 CPLD 器件的 ISP 编程连接图,其中 ByteBlaster(MV)与计算机并口相连。

必须指出,Altera 公司的 MAX7000 系列 CPLD 是采用 IEEE 1149.1 JTAG 接口方式对器件进行在系统编程的,图 2.8 中与 ByteBlaster 的 10 芯接口相连的是 TCK、TDO、TMS 和 TDI 这 4 条 JTAG 信号线。JTAG 接口本来是用作边界扫描测试(BST)的,把它用作编程接口则可以省去专用的编程接口,减少系统的引出线。由于 JTAG 是工业标准的 IEEE1149.1 边界扫描测试的访问接口,用作编程功能有利于各可编程逻辑器件编程接口的统一。因此,便产生了 IEEE 编程标准 IEEEl532,对 JTAG 编程方式进行标准化统一。

在讨论 JTAG BST 时曾经提过,同一系统板上的多个 JTAG 器件的 JTAG 口可以连接起来,形成一条 JTAG 链。同样,对于支持 JTAG 接口 ISP 的多个 CPLD,也可以使用 JTAG 链进行编程,当然也可以进行测试。如图 2.9 所示即为 JTAG 对多个器件进行 ISP 在系统编程。

JTAG 链使得对各个公司生产的不同 ISP 器件进行统一的编程成为可能。有的公司提供

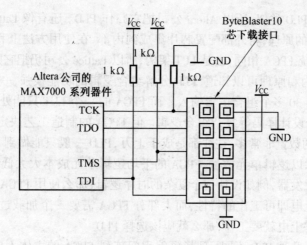

图 2.8　CPLD 编程下载连接图

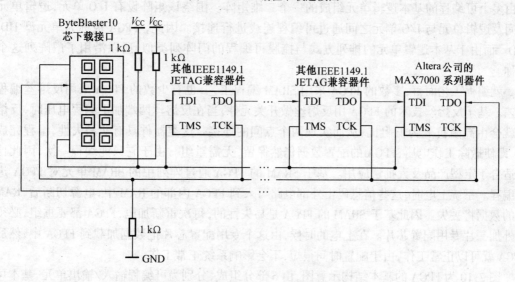

图 2.9　多 CPLD 芯片 ISP 编程连接方式

了相应的软件,如 Altera 公司的 Jam Player 可以对不同公司生产的支持 JTAG 的 ISP 器件进行混合编程。有些早期的 ISP 器件,比如最早引入 ISP 概念的 Lattice 公司的 ispLSll000 系列(新的器件支持 JTAGISP,如 1000EA 系列)采用专用的 ISP 接口,也支持多器件下载。

2.4　FPGA 的基本结构

2.4.1　FPGA 的基本概念

随着技术的发展,在 2004 年以后,一些厂家推出了一些新的 PLD 和 FPGA,这些产品模糊了 PLD 和 FPGA 的区别。例如 Altera 公司的 MAXII 系列 PLD,这是一种基于 FPGA(LUT)结构,并集成了配置芯片的 PLD,在本质上它就是一种在内部集成了配置芯片的 FPGA,但由于配置时间极短,上电就可以工作,所以对用户来说,感觉不到配置过程,可以同传统的 PLD 一样使用,加上容量和传统 PLD 类似,所以 Altera 公司把它归作 PLD。还有像 Lattice 公司 XP 系列的 FPGA,也是基于同样的原理,将外部配置芯片集成到内部,在使用方法上和 PLD 类似,但是因为容量大,性能和传统 FPGA 相同,也是 LUT 架构,所以 Lattice 公司仍把它归为 FPGA。

根据 PLD 的结构和原理可以知道,PLD 分解组合逻辑的功能很强,一个宏单元就可以分解为十几个甚至 20～30 多个组合逻辑输入。而 FPGA 的一个 LUT 只能处理 4 输入的组合逻辑,因此,PLD 适用于设计译码等复杂组合逻辑。但 FPGA 的制造工艺决定了 FPGA 芯片中包含的 LUT 和触发器的数量非常多,往往都是成千上万,PLD 一般只能做到 512 个逻辑单元,而且如果用芯片价格除以逻辑单元数量,FPGA 的平均逻辑单元成本大大低于 PLD。所以,如果设计中要使用大量触发器,例如设计一个复杂的时序逻辑,那么使用 FPGA 就是一个很好的选择。同时 PLD 拥有上电即可工作的特性,而大部分 FPGA 需要一个加载过程,所以,如果系统希望可编程逻辑器件上电就要工作,那么就应该选择 PLD。

与前面介绍过的几种 PLD 不同,现场可编程门阵列 FPGA 的主体不再是与－或阵列,而是由多个可编程的基本逻辑单元组成的一个二维矩阵。围绕该矩阵设有 I/O 单元,逻辑单元之间及逻辑单元与 I/O 单元之间通过可编程连线进行连接。因此,FPGA 被称为单元型 HD-PLD。而由于基本逻辑单元的排列方式与掩膜可编程的门阵列类似,所以沿用了门阵列这个名称。

就编程工艺而言,多数的 FPGA 采用 SRAM 编程工艺,也有少数的 FPGA 采用反熔丝编程工艺。基于反熔丝技术的 FPGA 用反熔丝做开关元件,当在反熔丝两端加上编程电压时,反熔丝就会由高阻抗变为低阻抗,从而实现两个点间的连接。这类器件具有非易失性,编程完成后,即使撤除工作电压,FPGA 的配置数据仍然保留,无需重组。由于它只能编程一次,因此比较适合于定型产品及大批量应用。基于 SRAM 的 FPGA 通过阵列中的 SRAM 单元对 FPGA 进行编程。系统上电时,这些信息码由外部电路写入到 FPGA 内部的 RAM 中,电源切断后,RAM 中的数据将丢失。因此基于 SRAM 的 FPGA 是易失性的,每次重新加电,FPGA 都要重组,必须要外加一片专用配置芯片。在上电的时候,由这个专用配置芯片把数据加载到 FPGA 中,然后 FPGA 就可以正常工作,由于配置时间很短,不会影响系统正常工作。

图 2.10 为 FPGA 的基本结构示意图,由 6 部分组成,分别为可编程输入/输出单元、基本可编程逻辑单元、嵌入式块 RAM、丰富的布线资源、底层嵌入功能单元和内嵌专用硬核等。下面简要介绍每个组成部分。

1.可编程输入/输出单元(I/O 单元)

输入/输出(Input/Output)单元简称 I/O 单元,它们是芯片与外界电路的接口部分,完成不同电气特性下对输入/输出信号的驱动与匹配需求。为了使 FPGA 有更灵活的应用,目前大多数 FPGA 的 I/O 单元被设计为可编程模式,即通过软件的灵活设置,可以匹配不同的电器标准与 I/O 物理特性,调整匹配阻抗特性和上、下拉电阻,以及调整输出驱动电流的大小等。

可编程 I/O 单元支持的电气标准因工艺而异,不同器件商或不同器件族的 FPGA 支持的 I/O 标准也不同,一般来说,常见的电气标准有 LVTTL、LCCMOS、SSTL、HSTL、LVDS、LVPECL 和 PCI 等。值得一提的是,随着 ASIC 工艺的飞速发展,目前可编程 I/O 支持的最高频率越来越高,一些高端 FPGA 通过 DDR 寄存器存取技术,甚至可以支持高达 2 GHz 的频率。

2.基本可编程逻辑单元

基本可编程逻辑单元是可编程逻辑的主体,可以根据设计灵活地改变其内部连接与配置,

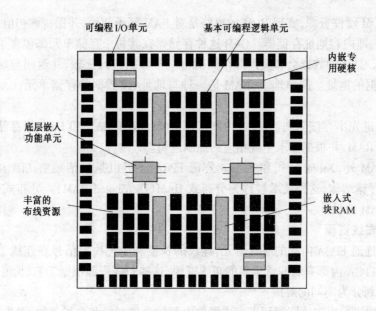

可编程 I/O 单元　　基本可编程逻辑单元

内嵌专用硬核

底层嵌入功能单元

丰富的布线资源

嵌入式块 RAM

图 2.10　FPGA 的基本结构框图

完成不同的逻辑功能。目前使用的 FPGA 多是基于 SRAM 工艺的,其基本可编程逻辑单元通常是由查找表(LUT,Look up Table)和寄存器(Register)组成的。FPGA 内部查找表一般为 4 输入,查找表一般完成纯组合逻辑功能。FPGA 内部寄存器机构相当灵活,可以配置为带同步/异步复位或置位、时钟使能的触发器 FF(Flip Flop),也可以配置成为锁存器(Latch)。FPGA 一般依赖寄存器完成同步时序逻辑设计。比较经典的基本可编程单元配置为一个寄存器加一个查找表。但是不同厂商的寄存器和查找表的内部结构有一定的差异,而且寄存器和查找表的组合模式也不同。

学习底层配置单元的 LUT 和 Register 比率的一个重要意义在于器件选型和规模估算。由于 FPGA 内部除了基本可编程逻辑单元外,还有嵌入式的 RAM、PLL 或者 DLL,以及专用的 Hard IP Core 等,这些模块也能等效出一定规模的系统门,所以简单科学的方法是用器件的 Register 或 LUT 的数量衡量。

CPLD 是基于乘积项的可编程结构,而在 FPGA 中,其基本逻辑单元 LE 是由可编程的查找表构成的,如 Altera 公司的 ACEX、APEX 系列,Xilinx 公司的 Spartan、Virtex 系列等。LUT 本质上就是一个 RAM。目前 FPGA 中多使用 4 输入的 LUT,所以每一个 LUT 可以看成一个有 4 位地址线的 16×1 的 RAM。当用户通过原理图或 HDL(硬件描述语言)描述了一个逻辑电路以后,FPGA 开发软件会自动计算逻辑电路的所有可能的结果,并把结果事先写入 RAM。这样,每输入一个信号进行逻辑运算就等于输入一个地址进行查表,找出地址对应的内容,然后输出即可。

3. 嵌入式块 RAM

目前大多数 FPGA 都有内嵌的块 RAM(Block RAM)。FPGA 内部嵌入可编程 RAM 模块,大大地拓展了 FPGA 的应用范围和使用灵活性。FPGA 内嵌的块 RAM 一般可以灵活地配置为单口 RAM(SPRAM,Single Pot RAM)、双口 RAM(DPRAM,Double Ports RAM)、伪双口 RAM(Pseudo DPRAM)、CAM(Content Addressable Memory)和 FIFO(First in First out)等常用存储结构。FPGA 中

没有专用的 ROM 硬件资源,实现 ROM 的思路是对 RAM 赋予初值,并保持该初值。

所谓 CAM,即内容地址存储器。CAM 这种存储器在其每个存储单元都包含了一个内嵌的比较逻辑,写入 CAM 的数据会和其内部存储的每一个数据进行比较,并返回与端口数据相同的所有内部数据的地址。简单地说,RAM 是一种写地址、读数据的存储单元;CAM 与 RAM 恰恰相反。

FIFO 是先进先出存储队列。FPGA 内部实现 RAM、ROM、CAM 和 FIFO 等存储结构都可以基于嵌入式块 RAM,并根据需求生成相应的控制逻辑。

除了块 RAM 外,Xilinx 公司和 Lattice 公司 FPGA 还可以是灵活地将 LUT 配置成 RAM、ROM、FIFO 等存储结构,这种技术被称为分布式 RAM(Distributed RAM)。分布式 RAM 适用于多块小容量 RAM 的设计。

4. 丰富的布线资源

布线资源连通 FPGA 内部的所有单元,连线的长度和工艺决定信号在连线上的驱动能力和传输速度。FPGA 内部有着非常丰富的布线资源,这些布线资源根据工艺、长度、宽度和分布位置的不同而划分为不同的等级:

(1) 全局性的专用布线资源用以完成器件内部的全局时钟和全局复位/置位的布线。

(2) 长线资源。用以完成器件 Bank 间的一些高速信号和一些第二全局时钟信号的布线。

(3) 短线资源。用以完成基本逻辑单元间的逻辑互连与布线。

(4) 其他。在逻辑单元内部还有着各种布线资源和专用时钟、复位等控制信号线。

设计人员通常不需要直接选择布线资源,实现过程中一般是由布局布线器根据输入的逻辑网表的拓扑结构和约束条件,自动选择可用的布线资源及所用的底层单元模块,所以设计人员通常忽略布线资源。其实布线资源的使用和设计的实现结果有直接关系,很多时序约束属性就是通过调整布线资源以使设计的布局布线结果达到所需的时序性能。

5. 底层嵌入功能单元

底层嵌入功能单元指的是那些通用程度较高的嵌入式功能模块。比如 PLL(Phase Locked Loop)、DLL(Delay Locked Loop)、DSP 和 CPU 等。随着 FPGA 的发展,这些模块被越来越多地嵌入到 FPGA 的内部,以满足不同场合的需求。目前大多数 FPGA 厂商都在 FPGA 内部集成了硬的 DLL 或者 PLL,用以完成时钟的高精度、低抖动的倍频、分频、占空比调整、移相等功能。

一些高端的 FPGA 产品还包括 DSP 或 CPU 等软处理核,从而使 FPGA 由传统的硬件设计手段逐步过渡为系统级设计工具。这些 CPU 或 DSP 处理模块的硬件主要由一些加、乘、快速进位链、Pipelining 和 Mux 等结构组成,加上用逻辑资源和块 RAM 实现的软核部分就组成了功能强大的软计算中心。这种 CPU 或 DSP 比较适合实现 FIR 滤波器、编码解码和 FFT(快速傅里叶变换)等运算。FPGA 内部嵌入 CPU 或 DSP 等处理器,使 FPGA 在一定程度上具备了实现软硬件联合系统的能力。

6. 内嵌专用硬核

内嵌专用硬核是相对于"底层嵌入单元"而言的,它主要指那些通用性相对较差、不为大多数 FPGA 器件所包含的硬核。FPGA 可以分成两个阵营:一方面是通用性较强,目标市场范围很广,价格适中的 FPGA;另一方面是针对性较强,目标市场明确,价格较高的 FPGA。前者主要指低成本 FPGA,后者主要指某些高端通信市场的可编程逻辑器件。为了提高 FPGA 的性能,适用高速通信总线与接口标准,很多高端 FPGA 集成了 SERDES(串并收发器)等专用硬核。

2.4.2　FPGA 和 CPLD 的选型

在 FPGA 和 CPLD 的开发应用中选型,必须从以下几个方面来考虑。

1.需要的逻辑规模

根据需要的逻辑规模,可以选择是采用 CPLD 还是 FPGA。CPLD 的规模在 10 万门级以下,而 FPGA 的规模已达 1 000 万门级,两者差异巨大。10 万门级以上,不用考虑,只能选择 FPGA;万门级以下,CPLD 是首选,因为它不需配置器件,应用方便,成本低,结构简单,可靠性高;在一万门级以上、十万门级以下,CPLD 和 FPGA 逻辑规模都可用的情况下,需要考虑其他因素,如速度、加密、芯片利用率、价格等。

典型厂家的系列和品种规模各有不同,应用的逻辑规模一定,对应的器件系列和品种也就大致有了范围,再结合其他参数和性能要求,就可筛选确定器件系列和品种。

2.应用的速度要求

速度是 PLD 的一个很重要的性能指标,每个型号都有典型的速度指标和一个最高工作速度,在选用前,都必须了解清楚。设计要求的速度要低于其最高工作速度,尤其是 Xilinx 公司的 FPGA 器件,由于采用统计型互连结构,时延不确定,设计要求的速度要低于其最高工作速度的三分之二。

3.功耗

功耗通常通过电压也可反映出来,功耗越低,电压也越低,一般来说,要选用低功耗、低电压的产品。

4.可靠性

可靠性是产品最关键的特性之一。CPLD 器件构造的系统,不用配置器件,结构简单,具有较高的可靠性;质量等级高的产品,具有较高的可靠性;环境等级高的型号产品,如军用(M 级)产品具有较高的可靠性。

5.价格

要尽量选用价格低廉,易于购得的产品。

6.开发环境和开发人员的熟悉程度

应选择开发软件成熟,界面良好,开发人员熟悉的产品。

2.4.3　FPGA 三大厂商比较

本章介绍的三大厂家 Lattice 公司、Xilinx 公司和 Altera 公司的系列产品,是 PLD 行业最具代表性的产品,也是目前市面上销售量最大、最易购买到的产品,三家产品各有自己的特点,同时又互相学习,取长补短,总体来说,有以下差异。

1.各有所长

Lattice 公司长于生产 CPLD 产品,不论是在逻辑规模还是在速度等指标上都处于领先位置。

Xilinx 公司长于生产 FPGA 产品,不论是在逻辑规模还是在速度等指标上都是最好的,且器件性能稳定、功耗小,用户 I/O 利用率高,适宜于设计时序多、相位差小的产品。

Altera 公司长于生产 CPLD/FPGA 全系列优秀产品供用户选用,同时,提供了先进、实用、方便的开发工具。

Lattice 公司和 Altera 公司的产品具有连续互连的结构特征,适合于多输入、等延迟的场合。同时,都具有加密功能可防止非法拷贝。

Xilinx 公司和 Altera 公司的产品设计灵活,器件利用率高,品种和封装形式丰富。

2.各有所短

Lattice 公司的 CPLD 产品适用范围有限,且器件中的三态门和触发器数量少。

Xilinx 公司的产品采用分段式互连的结构,时延长,又无法预知,不适合等时延场合。

Altera 公司的产品没有特别突出的特性,没有 CPLD、FPGA 中性能最好的产品,但这一点对学校教学和科研的影响不大。

总之,三家各有短长,在长期的发展过程中又不断改进、互相学习,推出的系列产品大都覆盖了 PLD 的各个应用领域,可以相互替代。应用时,要注意充分利用各种器件的优势,取长补短,设计出器件利用率高、价格适中、综合性能高的产品。

2.5　Altera Cyclone II FPGA 器件介绍

Cyclone 器件是 Altera 公司的第一代 FPGA 系列器件,于 2002 年推出。Cyclone 器件是带给市场的第一个也是唯一一个以最低成本为基础而设计的 FPGA 系列产品。Cyclone 基于 1.5 V、0.13 μm 及全铜 SRAM 工艺,其密度增加到 20 260 个逻辑单元和 288 kbit 的嵌入式存储器。Cyclone 器件支持 Nios 嵌入式微处理器,支持从低等到中等速度的 I/O 和存储器接口,有广泛的 IP 核支持。

Cyclone II 器件是 Altera 公司的第二代 FPGA 系列器件。Cyclone II FPGA 系列具有与前几代产品相同的优势——用户定义的功能、业界领先的性能、更低的功耗、更大的密度、更多的功能及更低的成本。Cyclone II 器件密度增加到 68 416 个逻辑单元和 1.1 Mbit 的嵌入式存储器。Cyclone II 器件的制造基于 300 mm 晶圆,采用台积电 90 nm、低 K 值电介质工艺,这种可靠的工艺也曾被用于 Altera 的 Stratix II 器件,它确保了快速有效性和低成本。通过使硅片面积最小化,Cyclone II 器件可以在单芯片上支持复杂的数字系统设计,而在成本上则可以和 ASIC 竞争。Cyclone II 器件可以实现 Nios II 嵌入式处理器系统,Nios II 系统的处理器和外围设备占用 600~2 000 个逻辑单元。开发人员通过向 Nios II 处理器指令集中增加定制指令,可以加快软件算法的运行。定制指令可以在一个时钟周期内处理完复杂的任务,为系统优化提供了一种高性价比的解决方案。

2.5.1　Cyclone II FPGA 结构

1.功能描述

Cyclone II FPGA 器件是基于行和列的二维结构,如图 2.11 所示为 Cyclone II EP2C20 器件框图。行和列的不同互连完成了逻辑阵列块(LABs)、嵌入内存块和嵌入乘法器的互连。每个逻辑阵列块由 16 个逻辑单元(LEs)构成。每个逻辑单元是有效实现用户逻辑功能的最小逻辑单元。

Cyclone II FPGA 器件有全局时钟网络和 4 个锁相环(PLLs)。全局时钟网络提供的 16 个全局时钟线分布在整个芯片中,为芯片内的所有资源使用,如输入、输出单元(IOEs),LEs,嵌入式乘法器及嵌入式存储器。全局时钟线也能用于其他的高扇出信号。Cyclone II FPGA 锁相环提供通用时钟和用于高速差分 I/O 的外部输出。

　　M4K 存储块是真正的双端口存储块,有 4 kbit 的存储空间(4 608 bit)。M4K 存储块能构造专用的真正意义的双端口、简单双端口或单端口存储块,位数可达 36 位,速度可达 250 MHz。M4K 按列分布在特定的 LABs 间,Cyclone II FPGA 器件提供了 119 ~ 1 152 kbit 的嵌入存储容量。

　　每个嵌入式乘法器能实现 2 个位的乘法器或 1 个位的乘法器,速度达到 250 MHz,在器件中也以列的形式排列。

　　每个分布在 LAB 终端的 IOE(I/O Element)逻辑单元提供 1 个 I/O 管脚。I/O 管脚支持单端和差分标准,如 66 MHz、33 MHz 的 64、32 位 PCI、PCI－X 标准及 LVDS I/O 标准(输入最大速率为 805 Mbps,输出最大速率为 622 Mbps)。每个 IOE 含有 1 个双向 I/O 缓冲器和 3 个寄存器(用于寄存器输入、输出和输出使能控制)。其 DQS、DQ 和 DM 管脚一方面支持延迟链(用于 DDR(Double Data Rate)的相位调整),提供与外部存储器件(如 DDR、DDR2)的接口;一方面提供与 SDR(Single Data Rate)、SDRAM 及 QDR II SRAM 器件的接口(速度在 167 MHz 以上)。

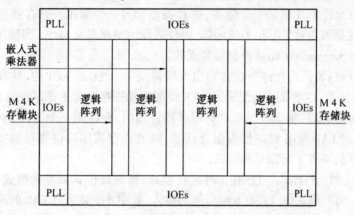

图 2.11　Cyclone II EP2C20 器件框图

　　行和列的数目、LEs、PLLs、M4K 存储块及嵌入式乘法器随器件的不同而不同,每种 Cyclone II FPGA 器件的资源情况见表 2.5。

表 2.5　Cyclone II 器件的家族成员及特性表

器　件	LAB 行数	LAB 列数	LEs	PLLs	M4K 存储块	嵌入式乘法器
EP2C5	13	24	4 608	2	26	13
EP2C8	18	30	8 256	2	36	18
EP2C20	26	46	18 752	4	52	26
EP2C35	35	60	33 216	4	105	35
EP2C50	43	74	50 528	4	129	86
EP2C70	50	86	68 416	4	250	150

2.逻辑单元

　　(1)逻辑单元组成。在 Cyclone II FPGA 结构中最小的逻辑单元是 LE,LE 是紧凑的,提供了先进、有效的逻辑实现能力。LE 的特征如下:

　　① 含有一个 4 输入的 LUT,能产生任何实现 4 变量的组合函数;

② 可编程的寄存器;

③ 进位链互连;

④ 寄存器链互连;

⑤ 能够进行各种类型的互连,如局部、行、列、寄存器链和直接互连;

⑥ 支持寄存器包装;

⑦ 支持寄存器反馈。

每个 LE 的可编程寄存器能配置成 D、T、JK 或 RS 触发器。每个寄存器有数据、时钟、时钟使能及清零输入端口。全局时钟网络、通用 I/O、任何内部逻辑能作为寄存器的时钟或清零信号,通用 I/O、内部逻辑能驱动时钟使能信号。对于组合函数,LUT 输出可能旁路寄存器直接驱动 LE 输出。

每个 LE 有 3 个布线输出,可以驱动局部、行及列的布线资源。LUT 或寄存器输出能独立驱动这 3 个输出。其中 2 个 LE 的输出能驱动列、行和直接连接的布线资源,另一个输出驱动局部互连资源,且允许 LUT 驱动一个输出,寄存器驱动另一个输出。寄存器包装模式提高了器件的利用率,这是因为对于不相关的函数,器件能使用寄存器及 LUT。当使用寄存器包装功能时,LAB – Wide Synchronous Load 控制信号无效。

另一个特殊的包装模式允许寄存器输出反馈回同一个 LE 的 LUT 中,这样寄存器被它自己的扇出 LUT 包装了,也增强了适配能力。LE 也能驱动寄存器和非寄存器的 LUT 输出。

除了 3 个通用的布线输出外,LE 也有寄存器链输出,允许同一个 LAB 内的寄存器级联。寄存器链输出允许 LAB 使用 LUT 作为组合函数,同时寄存器用移位寄存器实现。这加速了 LAB 间的互连,同时节省了局部互连资源。

(2) 逻辑单元的运行模式。LE 有 2 种运行模式,即常规模式和算术模式,每种模式使用 LE 的不同资源。每种模式中,LE 有 6 种可能的输入,其中 4 个是来自 LAB 的局部互连,1 个是来自邻近 LAB 的进位,1 个是来自寄存器链的连接端,这些输入都可直接用于不同目的以实现目标逻辑功能。LAB – Wide 信号提供寄存器的时钟、异步清零、同步清零、同步预置及时钟使能控制。这些 LAB – Wide 信号在所有的 LE 模式中有效。

Quarters II 在调用参数化的函数,如参数化模块库 LPM 时,自动地选择最适当的模式。如果需要,设计者也可以建立特殊目的函数并指定 LE 运行模式以提高性能。

3.逻辑阵列块

(1) 逻辑阵列块的组成。通过将同一列的逻辑阵列块 LAB 自动连接,Quartus II 编译器能建立大于 16 个 LE 的进位链。

每个逻辑阵列块含有 16 个 LE、LAB 控制信号、LE 进位链、寄存器链和局部互连。在同一个 LAB 中,局部互连在 LE 间传输信号,寄存器链将一个 LE 寄存器的输出传输到邻近的 LE 寄存器输入。Quartus II 编译器在一个 LAB 或邻近的 LAB 中放置相关的逻辑,从性能、面积方面考虑,也允许使用局部、寄存器链连接。

(2) 逻辑阵列块的互连。LAB 局部互连能驱动在一个 LAB 中的 LE。LAB 局部互连被列互连、行互连和同一 LAB 中的 LE 输出驱动。同时,邻近的 LAB、PLL、M4K 及嵌入式乘法器通过直接互连能驱动 LAB 局部互连。直接互连的使用减少了行和列互连的使用,提供了更高的性能和灵活性。通过快速局部和直接互连,每个 LE 能驱动 48 个 LE。

(3) LAB 的控制信号。每个 LAB 都包含专用的控制逻辑信号:2 个时钟、2 个时钟使能、2

个异步清零、1 个同步清零和 1 个同步预置。

4. 全局时钟网络和锁相环

(1) 时钟结构。Cyclone II FPGA 器件提供了全局时钟网络及 4 个 PLL,其特征如下:

① 多达 16 个全局时钟网络;

② 有 4 个 PLL;

③ 全局时钟网络动态时钟资源选择;

④ 全局时钟网络动态使能。

每个全局时钟网络由相应的时钟控制块来选择时钟源的形式,如 PLL 时钟输出、CLK[]管脚、DPCLK[]管脚和内部逻辑。

(2) 双重目的时钟。Cyclone II FPGA 器件有 20 个功能复用的时钟管脚,即 DPCLK[19..0];8 个双重目的的时钟管脚,即 DPCLK[7..0]。这些双重目的的管脚能连接到全局时钟网络用于高扇出的时钟、异步清零、预置、时钟使能或协议控制信号,如 PCI 的 TRDY 和 IRDY 或外部存储器接口的 DQS 信号。

(3) 全局时钟网络。16 或 8 个全局时钟网络分布在整个器件内。专用时钟管脚(CLK[])、PLL 输出、逻辑阵列和双重目的的时钟(DPCLK[])管脚也能驱动全局时钟网络。全局时钟网络为器件内的所有资源(IOE、LE、存储块、嵌入式乘法器)提供时钟。全局时钟线也用于控制信号,如同步或异步清零、DQS 信号。

(4) 时钟控制块。在 Cyclone II FPGA 器件内部,每个全局时钟网络有 1 个时钟控制块,排列在器件周边,具有以下功能:

① 动态全局时钟网络时钟资源选择;

② 全局时钟网络的动态使能。

在 Cyclone II FPGA 器件内部,专用 CLK[]管脚、PLL 计数器输出、DPCLK[]管脚及内部逻辑能提供时钟控制块。下面的资源可以作为时钟控制块的输入:

◆ 同一侧的 4 个时钟管脚;

◆ 来自 PLL 的 3 个 PLL 时钟输出;

◆ 同一侧的 4 个 DPCLK 管脚;

◆ 4 个内部产生的信号。

(5) 全局时钟网络分布。Cyclone II FPGA 器件有 16 个全局时钟网络,并使用多路选择器将这些时钟形成 6 位总线来驱动列 IOE 时钟、LAB 行时钟或行 IOE 时钟,如图 2.12 所示。

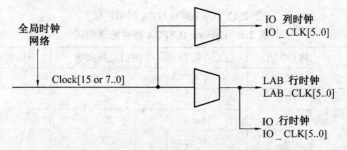

图 2.12　全局时钟网络多路选择器

在 LAB 层次上的一个多路选择器选择 6 个 LAB 行时钟提供给 LE 寄存器。LAB 行时钟供给 LE、M4K 存储器及嵌入式乘法器,也输入到行 IOE 时钟域。IOE 时钟与行、列时钟域相连,仅由 6 个全局时钟资源供给这些行、列。

(6) 锁相环。Cyclone II FPGA 器件锁相环提供了通用的时钟,有以下特征:

① 支持时钟乘法和除法;

② 灵活的相移控制;

③ 可编程的占空比;

④ 3 个内部时钟输出;

⑤ 1 个专用外部时钟输出;

⑥ 支持差分 I/O 的时钟输出;

⑦ 手动时钟切换;

⑧ 可编程的带宽分配;

⑨ 支持门级时钟信号;

⑩ 3 种时钟反馈模式;

⑪ 灵活的控制信号。

图 2.13 所示为 Cyclone II FPGA 器件锁相环的功能框图。输入可以是单端或双端输入,如果是差分输入则使用两个时钟引脚,利用专用时钟引脚的第二个功能实现 LVDS 输入。例如,CLK0 引脚的第二个功能是 LVDSCLK1p,CLK1 引脚的第二个功能是 LVDSCLK1n,外部专用时钟输出和全局时钟网络共用计数器。表 2.6 列出了 Cyclone II FPGA 的锁相环个数。

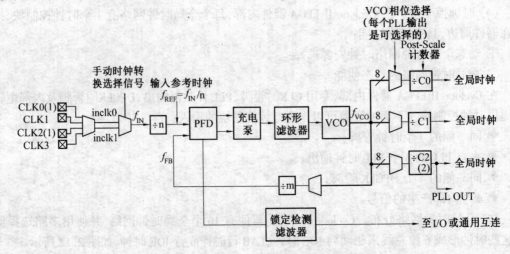

图 2.13　Cyclone II FPGA 锁相环框图

表 2.6　Cyclone II FPGA 器件的锁相环

器　件	PLL 个数	CLK 管脚数	DPCLK 管脚数	全局时钟网络个数
EP2C5	2	8	8	8
EP2C8	2	8	8	8
EP2C20	4	16	20	16
EP2C35	4	16	20	16
EP2C50	4	16	20	16
EP2C70	4	16	20	16

2.6 FPGA 的配置

FPGA 由于是基于 SRAM LUT 结构，所以每次上电时都要对其进行配置。不同厂家的编程方式各有特点，Altera 公司的串行配置器件是业界最低价格的配置器件。基于最大效率的特殊设计，串行配置器件在具有最低成本的同时提供了一系列先进的性能。这些性能包括在系统编程能力和多次编程能力。

2.6.1 串行配置器件

为了选择适当的配置器件，首先要确定 FPGA 所需要的总配置空间。如果配置多个 FPGA，需要将这些 FPGA 所需的总配置空间计算出来。例如，对菊花链（Daisy Chain）上的两个器件 EP20K200F 和 EP20K60E 进行配置，两个器件需要的配置空间分别是 1.964 Mbit 和 0.641 Mbit，总和为 2.605 Mbit，然后根据串行配置芯片的容量选择器件。表 2.7 列出了一些常用的串行配置器件。

表 2.7 串行配置器件

串行配置器件	封　　装	说　　明
EPCS1	8 管脚 SOIC	1 Mbit,3.3 V
EPCS4	8 管脚 SOIC	4 Mbit,3.3 V
EPCS16	16 管脚 SOIC	16 Mbit,3.3 V
EPCS64	16 管脚 SOIC	64 Mbit,3.3 V

2.6.2 FPGA 配置方式

Altera FPGA 的一般配置过程如图 2.14 所示。由图可见，器件配置后，它的寄存器和 I/O 引脚必须被初始化（Initialization），初始化后的器件进入到在系统运行的用户模式（User Mode）。FPGA 上的 nCONFIG 的上升沿启动了配置循环。配置循环由三个状态组成：复位、配置和初始化。当 nCONFIG 为低电平时进行复位，复位后 nCONFIG 为高电平，这时 FPGA 准备进行数据配置。在配置前，所有的 I/O 引脚为三态。当 nCONFIG 和 nSTATUS 都为高电平时，配置状态开始，在时钟 DCLK 的上升沿，数据从 DATA 引脚进入 FPGA。当配置结束后，通过释放 CONF_DONE 信号（从低到高的变化）指明配置完成、初始化介绍。INIT_DONE 引脚是可选的，它出现在初始化的结束和用户模式的开始。在初始化时，内部逻辑、I/O 寄存器、I/O 缓冲器被初始化，初始化结束后，释放 INIT_DONE。nCONFIG 的上升沿的变化，可以开始下一次的配置。在 nCONFIG 为低电平时，nSTATUS 和 CONF_DONE 也为低电平，所有 I/O 引脚为三态；一旦 nSTATUS 和 CONF_DONE 返回到高电平时，下一次的配置即开始。

Altera FPGA 共有 7 种配置模式，分别介绍如下。

1.被动串行(PS,Passive Serial)模式

被动串行模式支持 Altera 大部分的 FPGA，利用智能主机（如微处理器）将 Altera 下载电缆与配置器件连接。配置时，数据通过 DATA（FLEX 6000 系列）或 DATA0（其他系列）引脚从存储器件（配置器件或 Flash 存储器）下载到 FPGA 芯片上。数据在 DCLK 的上升沿锁存到 FPGA

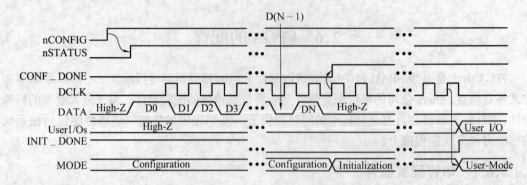

图 2.14　配置周期波形图

中,每个时钟传递一位数据。

2. 主动串行(AS, Active Serial)模式

在主动配置时,FPGA 器件是主设备,串行配置器件是从设备。配置数据通过 DATA0 引脚传到 FPGA 上,配置数据与时钟 DCLK 同步,一个周期传递一位。

3. 被动并行同步(PPS, Passive Parallel Synchronous)模式

被动并行同步模式主要通过智能主机(如微处理器)进行配置,在配置期间,数据从存储器件(如 Flash 存储器)经由 FPGA 的 DATA[7..0]引脚到达 FPGA 内部。配置数据与时钟 DCLK 同步,在 DCLK 的第一个上升沿数据被锁存到 FPGA 中,在 DCLK 的后 8 个下降沿对数据串行化处理。

4. 快速被动并行(FPP, Fast Passive Parallel)模式

快速被动并行模式可使用串行配置器件、存储器或智能主机。在配置期间,数据从串行配置器件或存储器经由 DATA0[7..0]传到 FPGA 中。在时钟 DCLK 的上升沿,数据被锁存在 FPGA 中,每个时钟周期传递一位数据。

5. 被动并行异步(PPA, Passive Parallel Asynchronous)模式

被动并行异步模式使用智能主机来完成配置。在配置期间,数据从串行配置器件或存储器经由 DATA0[7..0]传到 FPGA 中。由于配置是异步的,可用控制信号调节配置循环。

6. 被动串行异步(PSA, Passive Serial Asynchronous)模式

被动串行异步模式使用智能主机来完成配置。在配置期间,数据从串行配置器件或存储器经由 DATA0 引脚传到 FPGA 中。由于配置是异步的,可用控制信号调节配置循环。

7. 联合测试行动小组 JTAG(Joint Test Action Group)模式

JTAG 模式使用 IEEE Std 1149.1 JTAG 接口引脚来完成配置,支持 JAM STAPL 标准。JTAG 模式可由智能主机、下载电缆进行配置。

2.6.3　FPGA 配置举例

1. 被动串行配置

图 2.15 为被动串行配置图,通过十针插座与 FPGA 相连,对 FPGA 进行配置。

2. EPC2 配置 FPGA

使用串行配置器件 EPC2 对 FPGA 进行配置,如图 2.16 所示。EPC2 可以多次重复编程,且具有在系统(ISP)编程功能,编程接口为 JTAG 和 Master Blaster。

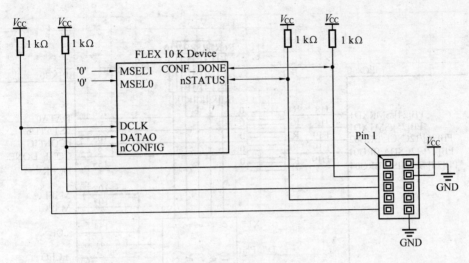

图 2.15　被动串行配置

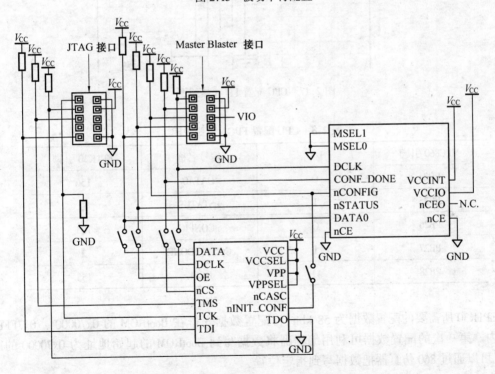

图 2.16　EPC2 配置 FPGA 的电路原理图

3.CPU 配置 FPGA

使用 MPC860 做 CPU，FPGA 型号为 EP1K30QC208 - 3，BootROM 采用 SST39VF040。在 MPC860 的 PB 口选 5 根线与 EP1K30 连接成 PS 配置方式，Data0 也由 MPC860 输出，如图 2.17 所示，信号定义见表 2.8。

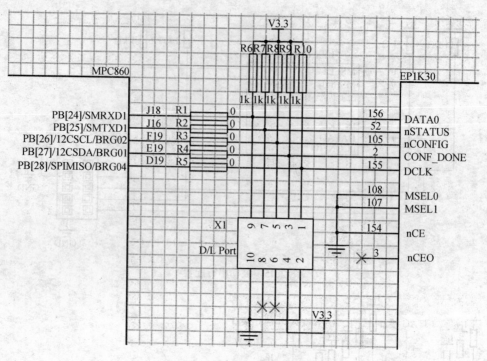

图 2.17　CPU 配置 FPGA 接线图

表 2.8　CPU 配置 FPGA 引脚说明

MPC860 引脚	I/O	信号名称	EP1K30 引脚
PB24	O	DATA0	156
PB25	I	nSTATUS	52
PB26	O	nCONFIG	105
PB27	I	CONF _ DONE	2
PB28	O	DCLK	155

　　EP1K30 所需要的配置数据为 58 kbit, 将配置数据安排在 BootROM 的 0x70000 ~ 0x7FFFF 区间内。第一次的配置数据可利用编程器将数据写到 BootROM 的起始地址为 0x70000 的区域, 也可以通过 860 仿真器把数据写到指定位置。

　　为检验 FPGA 在线升级的可能性, 在 CPU 的 BootROM 中放置了不同逻辑的 FPGA 配置数据。CPU 正常运行时, 测试软件随意更换 FPGA 的配置数据。在每次配置完成后, FPGA 均能实现相应的逻辑功能。如果和系统软件配合, 在线更改 EPROM 中的配置数据, FPGA 的在线升级是完全可以实现的。

　　为了提高调试进度, 通常会采用电缆下载的方式。在单板上兼容这两种配置方式有多种办法, 我们通常采用比较简单又便于生产的"0 欧姆电阻连接方式"。

第3章 可编程逻辑器件的开发环境

内容提要:随着计算技术的发展,电子系统设计的方法不断更新,可编程器件的开发环境也在不断变化。本章主要介绍目前著名的半导体生产厂商 Altera 和 Xilinx 的开发环境。

3.1 可编程数字系统设计的输入

3.1.1 常用的可编程数字系统设计输入方式

目前常用的可编程数字系统设计输入方式有以下三种。

1.硬件描述语言 HDL 输入方式

硬件描述语言 HDL 包括 VHDL、Verilog 和 ABEL – HDL 语言等。

VHDL 语言主要用于描述数字系统的结构、行为、功能和接口。与其他硬件描述语言相比,它具有更强的行为描述能力,丰富的仿真语句和库函数,对设计的描述也具有相对性,设计者可以不懂硬件而进行独立的设计,因而其应用广泛。

Verlilog 语言很接近 C 语言,易学易用,语法也比 VHDL 自由。

ABEL – HDL 语言主要支持 Lattice 公司器件。

2.原理图输入方式

各个公司发行的软件都有其元器件库,可以利用这些元器件搭建电路,形成电路原理图。原理图输入方式的优点是设计者不需要懂编程或者硬件描述语言就能够快速地完成电路的设计。

3.混合式输入方式

混合式输入方式是将原理图输入和硬件描述语言 HDL 同时在一个设计中运用,这样使得设计变得灵活多变。

一般的可编程数字系统设计流程如图 3.1 所示。

3.1.2 可编程逻辑器件的开发环境

世界上著名的 FPGA/CPLD 的生产厂商都有自己的 EDA 开发环境,也有许多专业的第三

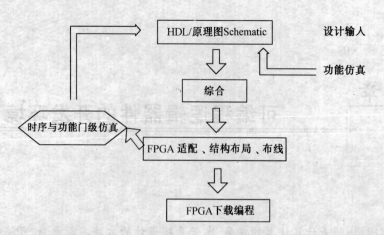

图 3.1 可编程数字系统的设计流程

方 EDA 软件,如 Synopsys、Cadence、Mentor Graphics、Synplicity 等公司就是专业 EDA 软件公司。各个 FPGA/CPLD 厂家有自己的 EDA 软件包,他们将设计流程中的各个功能模块集成在同一开发环境中,这个开发环境一般包括设计输入编辑工具、综合器、适配器、仿真器、编程下载器等整套的开发工具。目前 Lattice、Altera 和 Xilinx 公司提供的 EDA 软件包如图 3.2 所示。

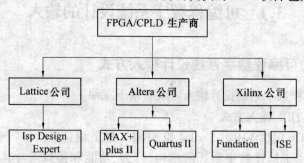

图 3.2 FPGA/CPLD 公司及其相应的设计软件

3.2 Altera 开发环境 MAX + plus II 使用入门

Altera 公司的 MAX + plus II 是其中较常被使用的 EDA 开发环境,它操作方便、功能强大,提供了原理图输入和 VHDL 语言输入功能,在环境中可以完成编译、查错、设计驱动信号、逻辑功能模拟、时序功能模拟、对 FPGA/EPLD 芯片编程等功能。

MAX + plus II 支持的器件包括 ACEX1K 系列、FLEX 系列和 MAX 系列。

下面分别以原理图方式输入和 VHDL 语言输入设计为例,一步一步描述在 MAX + plus II 开发环境中如何完成 EDA 的设计流程。

3.2.1 原理图方式输入

在 MAX + plus II 中,用户的每个独立设计都对应一个项目,每个项目可包含一个或多个设计文件。这些文件中必须包含有一个顶层文件,而且顶层文件的名必须和项目名相同。项目的文件中还包括编译过程中产生的各种中间文件,这些文件的后缀有所不同。

1.新建工程

在如图 3.3 所示的 MAX + plus Ⅱ 的开发环境中点击 File→Project→Name...,弹出如图 3.4 所示的命名工程对话框。将工程名字命名为 add _ all。为便于管理,对于每个新的项目应该建立一个单独的子目录。这里在 max2work 目录下建立一个名字为 add 的子目录,在这个目录下保存工程 add _ all,点击"OK"完成。本章以一个全加器为例说明原理图输入方式下的 MAX + plus Ⅱ 的设计过程。

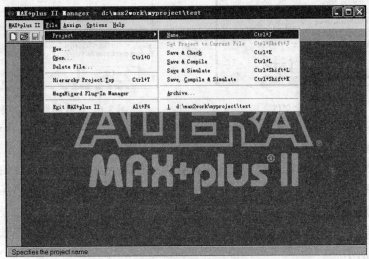

图 3.3　新建工程

图 3.4　命名工程

2.新建原理图输入文件

点击新建文件 ☐ 或者点击 File→New,将出现如图 3.5 所示新建文件的对话框。在对话框中选择原理图文件 Graphic Editor file(后缀 .gdf)为文件格式,点击 OK,进入图形输入界面,点击保存 Save as,出现如图 3.6 所示的对话框。

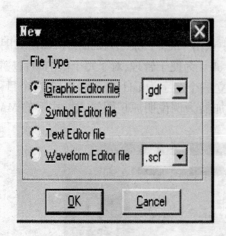

图 3.5 新建文件　　　　　　　　　图 3.6 保存图形输入文件

【注意】这里将文件名字保存为 add_all.gdf,顶层文件与工程名字相同,点击 OK 结束。

3.完成原理图输入

在图形输入文件中添加元器件和输入输出管脚。右键点击图形输入的空白处,选择 Enter Symbol 弹出如图 3.7 所示的器件选择对话框。在 Symbol Libraries 里选择 prim 库,在 Symbol Files 里可选择所需的器件,这里包括常见的逻辑门。本例是要实现一个全加器的设计,那么需要选择 2 个异或门、3 个两输入的与门、1 个三输入的或门、3 个输入 input 管脚和 2 个 output 管脚,如图 3.8 所示。

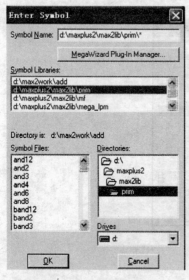

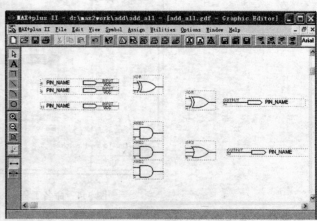

图 3.7 元器件选择对话框　　　　　　图 3.8 添加完元器件

将输入管脚名字改为 A、B 和 C_in,输出管脚改为 S 和 C_out。A、B 为输入端,C_in 为进位输入端,S 为和,C_out 为进位输出端。连接元器件形成完整的原理图文件如图 3.9 所示。

4.编译

在编译之前应当定义器件,这里的器件就是指每个设计所使用的 FPGA 或 EPLD 芯片,Altera 公司具有代表性的 FPGA 为 FLEX 10K 系列的 EPF10K10LC84 - 3 和 EPF10K10LC84 - 4,具

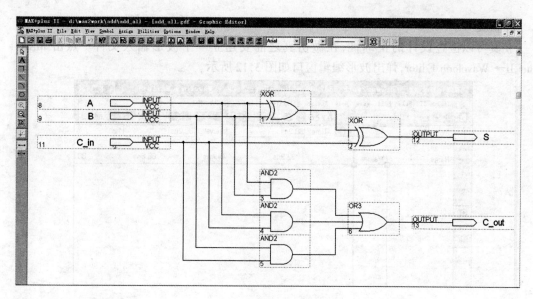

图3.9 全加器原理图输入

有代表性的 EPLD 为 MAX7000S 系列的 EPM7128SLC84 – 15。

点击 Assign →Device,弹出如图3.10所示的对话框。选择 FLEX10K 系列的 EPF10K10LC84 – 3,点击"OK"确定。

点击 MAX + plus II→Compiler,弹出编译对话框如图3.11所示。点击"Start"开始编译,完成后关闭对话框。

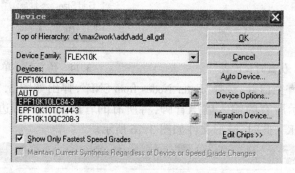

图3.10 器件选择对话框

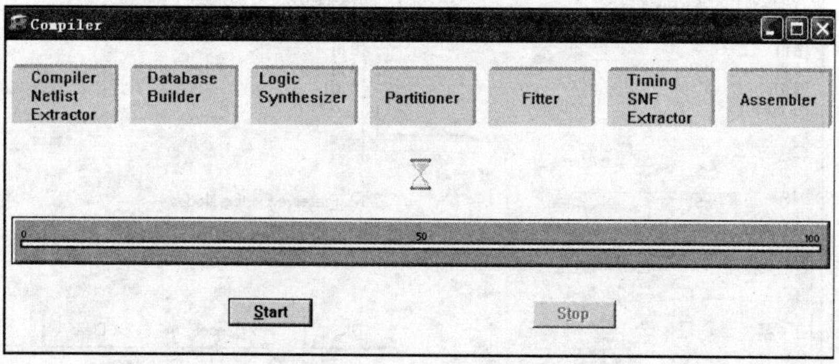

图3.11 编译对话框

5. 仿真

仿真可以检查设计的正确性,在做仿真之前要建立一个波形输入文件。点击 MAX + plus II→ Waveform Editor,弹出波形编辑窗口如图 3.12 所示。

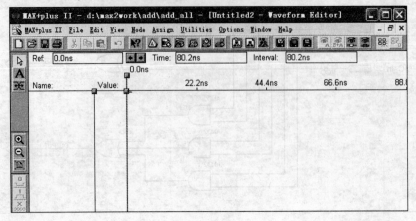

3.12　波形编辑输入窗口

首先,确定仿真的时间,点击 File→End Time...,弹出的对话框如图 3.13 所示,输入 100.0 us,点击"OK"结束。点击 Option→Grid Size,输入 500.0 ns,点击 OK 完成仿真最小单位时间的设置,如图 3.14 所示。

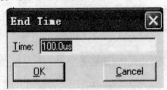
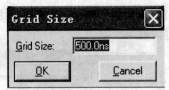

图 3.13　仿真时长设置　　　　　　3.14　仿真最小单位时间设置

右键点击波形文件空白处,选择"Enter Nodes from SNF",弹出如图 3.15 所示对话框,对话框中点击"list",将显示所有的输入输出管脚,将所有的管脚加入到右边的"Selected Nodes & Groups"框中。点击"OK",此时,波形文件如图 3.16 所示。

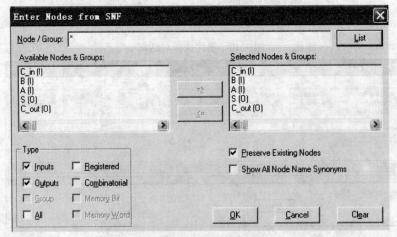

图 3.15　输入输出管脚添加

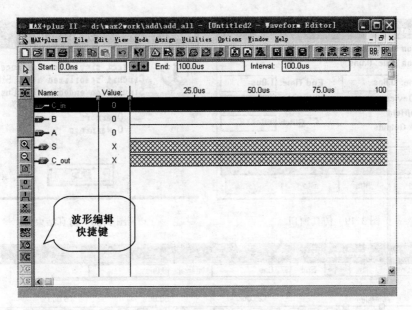

图 3.16　波形输入文件编辑

这里,输入 A、B 和 C_in 三个输入信号是需要编辑的激励信号,S 和 C_out 是输出信号,作为响应观测用来检查设计正确与否。当选择要编辑的波形时,图 3.16 中 C_in 这一行变黑,左侧波形编辑快捷键被激活。这里可以设置高低电平、时钟信号输入、计数器输入、取反和高阻等值。点击 XO 编辑时钟信号波形,这里将 A 的周期设为"1 us",也就是在如图 3.17 所示的对话框中将"Multiplied By"设置为"1",B 周期设为"2 us",C_in 设为"5 us"。

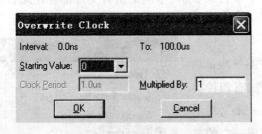

图 3.17　时钟脉冲波形编辑

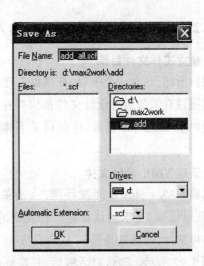

图 3.18　保存波形文件

设置完成之后,保存波形文件如图 3.18 所示,点击"OK"。点击 MAX + plus II→Compiler 编译一次,编译过程同前。完成编译后点击 MAX + plus II→Simulator,弹出如图 3.19 所示的对话框,点击"Start"启动仿真,仿真结束后弹出如图 3.20 所示对话框,点击"确定"。仿真波形如图 3.21 所示,可以放大图形观测波形是否符合要求。

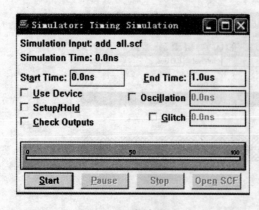

图 3.19 仿真窗口   图 3.20 仿真结束

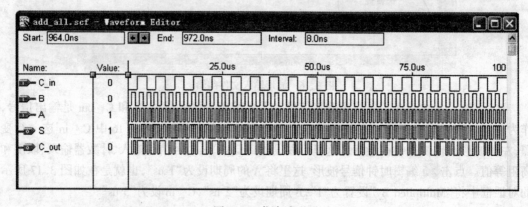

图 3.21 仿真波形图

3.2.2 硬件描述语言 VHDL 输入

1.建立工作文件目录

同前所述,建立一个项目,在硬盘上建立一个工作文件目录,目录名应命名为英文名。以后与该项目有关的所有设计文件都保存在此目录下。MAX + plus II 软件安装好后,会在硬盘上生成一个 Max2work 目录,在此目录下建立一个子目录 add1,本例中所有文件都存在此目录下。

2.新建 VHDL 设计文件

启动 MAX + plus II 开发环境,点击菜单 File→New 功能,出现对话框,要求确认新建何种类型的文件,有四种类型文件可选择,这里选择第三个选项"Text Editor file",对话框如图 3.22 所示。确认对话框后,开发环境生成一空的文本编辑窗口用于输入 VHDL 文本。

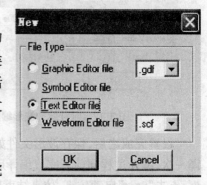

3.输入 VHDL 设计描述

在如图 3.23 所示的窗口输入如下 VHDL 程序,本例完成的是一个一位全加器的功能。

图 3.22 新建设计文件

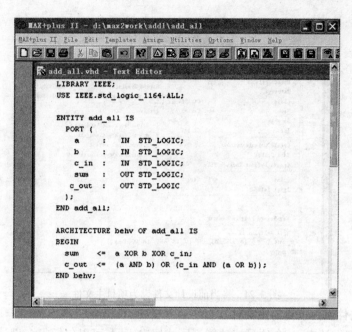

图 3.23　输入 VHDL 设计描述

LIBRARY IEEE;

USE IEEE. std _ logic _ 1164. ALL;

ENTITY add _ all IS

　PORT（

　　a : IN STD _ LOGIC;

　　b : IN STD _ LOGIC;

　　c _ in : IN STD _ LOGIC;

　　sum : OUT STD _ LOGIC;

　　c _ out : OUT STD _ LOGIC

　）;

END add _ all;

ARCHITECTURE behv OF add _ all IS

BEGIN

　sum <= a XOR b XOR c _ in;

　c _ out <= （a AND b）OR（c _ in AND（a OR b））;

END behv;

其中"a"和"b"表示全加器的"输入 1"和"输入 2","c _ in"表示"前级进位输入","sum"表示全加器的"和","c _ out"表示全加器的进位输出。

4. 保存 VHDL 文本

输入 VHDL 语言后,选择菜单 File→Save As 功能,出现如图 3.24 所示对话框,在"Directories"中选择刚才新建的项目文件目录"d:\ max2work \ add _ all",在"File Name:"处填上文件名"add _ all. VHD"。按"OK"确认退出。

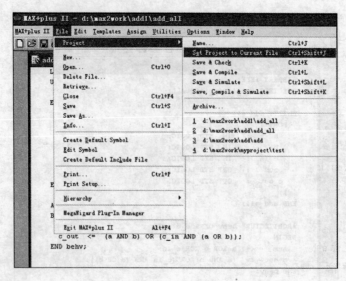

图 3.24　将当前设计文件设为项目主文件

5.将当前文件设为项目的主文件

因为在 EDA 设计中,一个项目按功能不同或层次不同,可以包括很多设计描述文件,这些文件可以是原理图也可以是 VHDL,也可以是混合的。设计时,可以按功能分模块来完成,也可以自底向上逐步完成。将当前文件设为项目的主文件后,以后所进行的编译、仿真、测试都是以此文件为顶层文件来完成的,而此文件的上层文件和并行文件都不受影响。选择菜单 File→Project→Set Project to Current File,可以将当前文件设成项目的主文件。

6.选择设计所使用的器件

选择过程同前,这里不再赘述。

7.编译设计项目

选择 MAX + plus II→Compiler 功能,按"Start"开始编译。如果有错,程序会自动停止并指出错误,用户解决错误后,再重新编译,直到全部编译完成。

8.仿真

仿真过程同前所述。

9.时序分析

为了能了解软件模拟仿真中各信号之间的具体延时量,可以用 MAX + plus II 提供的时序分析功能来做时序分析。点击 MAX + plus II→Timing Analyzer,出现如图 3.25所示对话框,按"Start"按钮,启动时序分析,分析完成后,各信号之间的延时时间以表格形式显示出来。

10.将信号锁定到芯片的管脚

前面所做的只是逻辑功能的软件模拟仿真,即使软件模拟仿真、时序分析都达到设计要求,这也只是理论上的结果,实际硬件的执行与软件模拟不一定完全一样,最后必须做硬件的验证。在做硬件验证时,各个输

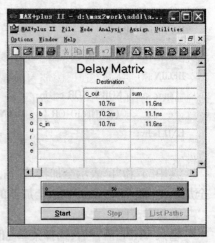

图 3.25　时序分析

入、输出信号必须锁定到具体芯片的管脚上,才能将外部信号加进来,将输出信号接出去,根据

你的外部电路设计或根据 EDA 实验仪的要求，将设计中各个输入、输出信号锁定到芯片的管脚上。选择菜单 Assign→Pin/Location/Chip...，出现如图 3.26 所示信号与芯片管脚锁定的对话框，在"Node Name"框内填入需要输入、输出的信号名，在"Pin Type"框内显示出该信号的输入、输出类型，在"Pin"复选框内选择芯片的管脚，按右下角的"Add"按钮将信号与管脚的锁定关系加入"Existing Pin / Location / Chip Assignments"框内，当所有的信号都加入后，按"OK"确认退出。

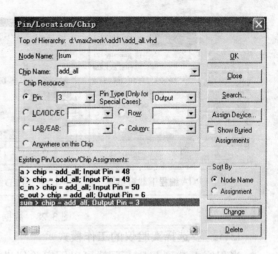

图 3.26 信号与芯片管脚锁定

【注意】 如果你的设计中有时钟信号、复位信号、输出允许信号等可以全局使用的信号，编译器会自动将这些信号分配到芯片的相应全局信号管脚，如果你锁定的管脚不是全局信号管脚，在编译综合时，系统会提示有错。解决的方法是，选择 Assign→Global Project Synthesis，在弹出的对话框"Automatic Global"栏内，去掉使用全局信号前的选中勾，使其不会被自动分配，按"OK"确认退出。

11.重新编译设计项目

当设计项目中的信号被锁定到芯片的各管脚上后，需要对项目重新进行编译，重新编译产生的数据文件就会包含管脚的定义。点击 MAX + plus II→Compiler 功能，出现编译窗口，按窗口内的"Start"按钮，重新编译。

12.数据下载到芯片上

当用软件仿真验证设计的电路工作正常后，就可以将编译产生的位图文件编程下载到 FPGA 或 EPLD 的芯片上，与外围电路一起共同对设计进行硬件验证。在本例中用 EDA2000 的实验仪来验证前面所设计的全加器的功能是否正确。在编程下载之前，首先用下载电缆将计算机的打印口连接到有 FPGA/EPLD 芯片的目标板（或 EDA2000 实验仪上），接通目标板（实验仪）的电源。选择 MAX + plus II→Programmer，启动编程下载程序，如

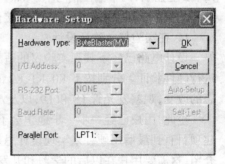

图 3.27 编程下载及连接方式

果是第一运行编程功能，软件会自动弹出对话框，让用户设置编程下载硬件连接方式，如图 3.27所示。在对话框中的"Hardware Type"选择框内选择"ByteBlaster(MV)"编程下载方式，在软件安装好后只需设置编程下载方式一次，设置好以后如果下载的硬件没有变化，无需再次设置。

在编程下载窗口中，EPLD 的下载与 FPGA 的下载略有不同：EPLD 的下载按"Program"钮，软件会对目标板上的芯片检测、编程、校验，完成后显示"编译完成"；FPGA 的下载要按"Configure"钮，软件将程序下载到目标板上芯片中，如图 3.28 所示。

图 3.28　数据下载到芯片上

13.设置/选择实验仪的工作模式

当程序下载到芯片上后就可以用实验仪进行实验来验证我们所做的设计是否正确。在进行实验之前,要对实验仪的模式进行设置,以便将芯片的输入、输出管脚接到实验仪的键盘和LED上,工作模式可以从计算机上的 EDA2000 软件下载到实验仪中,在没有计算机时,也可以在实验仪上选择相应模式,这些模式已经固化在实验仪中。

在实验仪上选择工作模式:按下实验仪上"MODE SELECT"模式选择按钮不松,八段数码管显示"------XX",其中"XX"为当前模式号,按"K7"钮,模式号减 1,按"K6"钮模式号加 1。本例实验中对应的工作模式为"模式 1",按动"K6"或"K7"直到模式号显示为"------01",松开"MODE SELECT"按钮确认,再次按下、松开此按钮,实验仪进入工作状态。在"模式 1"情况下,K0 键接信号"a",K1 键接信号"b",K2 键接信号"c_in",同时这三个输入信号的状态也在 L0、L1、L2 上显示,两个输出信号"c_out"接 L9,"sum"接 L8,同时八段数码管也显示五个信号的值,S0 接信号"a",S1 接信号"b",S2 接信号"c_in",S4 接信号"sum",S5 接信号"c_out"。

14.在实验仪上验证设计

设计电路已经下载到实验仪的适配板上,实验仪的工作模式也选择好,下面就可以对设计进行硬件验证。分别按下 K0、K1、K2 键,改变其状态,表示三个输入信号"a"、"b"、"c_in"的状态的改变,观察发光管 L8 和 L9,以及八段数码管的 S4 和 S5 的输出是否有相应变化。

至此,用户已经一步一步地学会了在 Atera 的 EDA 开发环境 MAX + plus II 中,从最初的新建项目直到最后用硬件来实现设计思想的各个主要步骤,为了易于学习,中间一些环节没有介绍,这需要用户在以后的学习和开发过程中逐步了解,逐步提高。在开发过程中,也可以参考 EDA 开发环境的说明和软件中的帮助。

【注意】在 Altera 的 MAX + plus II 开发环境中,如果用户在设计中使用了时钟信号、复位信号、输出允许信号等可以全局使用的信号,编译器会自动将这些信号分配到芯片的相应全局信号管脚,如果你锁定的管脚不是全局信号管脚,在编译综合时,系统会提示有错,解决的方法是,选择 Assign→Global Project Synthesis,在弹出的对话框"Automatic Global"栏内,去掉使用全局信号前的选中勾,使其不会被自动分配。然后按"OK"确认退出。

3.3　Quartus II 软件的使用

Altera 公司的 Quartus II 设计软件支持多种输入开发环境,完全支持 VHDL、Verilog 的设计流程,其内部嵌有 VHDL、Verilog 逻辑综合器。Quartus II 与 MATLAB 和 DSP Builder 结合可以进行基于 FPGA 的 DSP 系统开发,是 DSP 硬件系统实现的关键 EDA 工具,与 SOPC Builder 结合,可实现 SOPC 系统开发。本章将以正弦信号发生器设计示例详细介绍 Quartus II 的使用方法。

【注意】以下各软件对计算机的要求是:奔腾 4 或以上主机,推荐使用 1 G 以上的内存。

3.3.1 设计输入流程

1.输入顶层文件

本节通过正弦信号发生器的设计对 Quartus II 的一些重要功能做一些说明。对本节的详细了解有利于更好地理解以后章节有关 DSP Builder 的应用和设计。正弦信号发生器的结构由 3 部分组成:数据计数器或地址发生器、数据 ROM 和 D/A,如图 3.29 所示。性能良好的正弦信号发生器的设计要求此 3 部分具有高速性能,且数据 ROM 在高速条件下占用最少的逻辑资源、设计流程最便捷、波形数据获取最方便。图 3.29 所示是此信号发生器的结构图,顶层文件 SINGT. VHD 在 FPGA 中实现,包含 2 个部分:地址发生器和正弦数据存储器 ROM。其中地址发生器由 5 位计数器担任;正弦数据存储器 ROM 由 LPM _ ROM 模块构成,能达到最优设计,LPM _ ROM 底层是 FPGA 中的 EAB 或 ESB 等。地址发生器时钟 CLK 的输入频率 f_0 与每周期的波形数据采样点数(在此选择 64 点)、D/A 输出的频率 f 的关系是

$$f = f_0/64$$

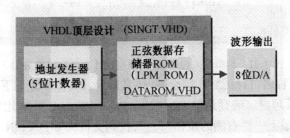

图 3.29 正弦信号发生器结构图

设计时首先建立工作库,以便设计工程项目的存储。任何一项设计都是一项工程(Project),都必须首先为此工程建立一个放置与此工程相关的所有文件的文件夹,此文件夹将被 EDA 软件默认为工作库(Work Library)。

在建立了文件夹后就可以将设计文件通过 Quartus II 的文本编辑器编辑并存盘,详细步骤如下:

(1)建立一个存放工程的文件夹,如 e:\SIN _ GNT。特别注意,文件夹名不能用中文。

(2)输入源程序。打开 Quartus II,选择菜单 File→New,在"New"窗口中的"Device Design Files"中选择编译文件的语言类型,这里选"VHDL Files",如图 3.30 所示。然后在 VHDL 文本编译窗中键入如图 3.31 所示的 VHDL 程序。

(3)文件存盘。选择 File→Save As,找到已设立的文件夹 e:\SIN _ GNT,存盘文件名应该与实体名一致,即 SINGT.vhd。当出现问句"Do you want to create..."时,若选"否",可按以下的方法进入创建工程流程;若选"是",则直接进入创建工程流程。

2.创建工程

在此要利用"New Preject Wizard"创建此设计工程,即令 SINGT.vhd 为工程,并设定此工程

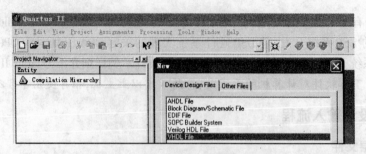

图 3.30   选择编辑文件的语言类型

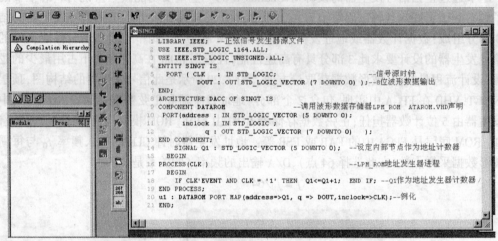

图 3.31   编辑输入设计文件(顶层设计文件 SINGT. vhd)

一些相关的信息,如工程名、目标器件、综合器、仿真器等。具体步骤如下:

(1) 建立新工程管理窗。选择菜单 File→New Project Wizard,即弹出工程设置对话框,如图 3.32 所示。点击此框最上一栏右侧的按钮"...",找到文件夹 e : \ SIN _ GNT,选中已存盘的文件 SINGT. vhd(一般应该设定顶层设计文件为工程),再点击"打开",即出现如图 3.32 所示设置情况。其中第一行表示工程所在的工作库文件夹;第二行表示此项工程的工程名,此工程名可以取任何其他的名,通常直接用顶层文件的实体名作为工程名;第三行是顶层文件的实体名。

(2) 将设计文件加入工程中。点击图 3.32 中下方的"Next"按钮,在弹出的对话框中点击"File"栏的按钮,将与此工程相关的所有 VHDL 文件加入此工程(如果有的话),即得到如图 3.33 所示的情况。工程文件加入的方法有两种:第一种方法是点击右边的"Add All"按钮,将设定的工程目录中的所有 VHDL 文件加入到工程文件栏中;第二种方法是点击"..."按钮,从工程目录中选出相关的 VHDL 文件。

(3) 选择目标芯片。在图 3.33 中点击"Next",选择目标芯片。如图 3.34 所示,在"Family"栏选择芯片系列:在此选择 Cyclone 系列;通过参数 Package:PQFP;Pin count:240;speed grade:8;剩下两种芯片,在此选择 EPIC6Q240C8。点击"Next"后,弹出窗口保持默认值,再次点击"Next",弹出工程设置统计窗口,如图 3.35 所示,图中列出了此项工程的相关设置情况。

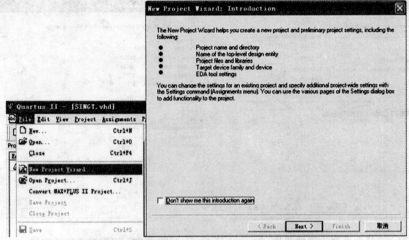

图 3.32　利用"New Project Wizard"创建工程

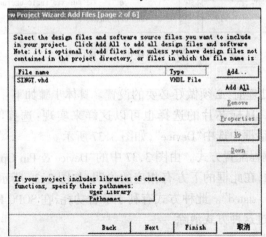

图 3.33　将所有相关的文件都加进此工程

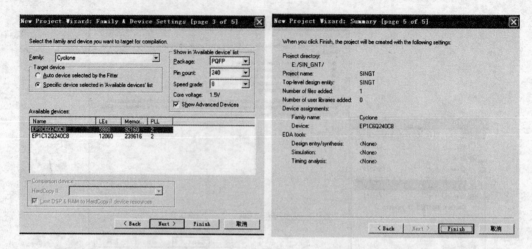

图 3.34 选择此系列的具体芯片 　　　　　图 3.35 工程设置统计窗口

(4) 结束设置。最后按"Finish",即已设定好此工程,如图 3.36 所示,此工程管理窗主要显示工程项目的层次结构。

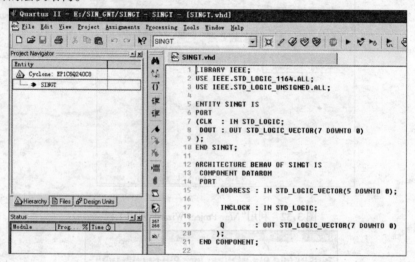

图 3.36 SINGT 的工程管理窗

3. 编译前设置

在对工程进行编译处理前,必须做好必要的设置。具体步骤如下:

(1) 选择目标芯片。目标芯片的选择也可以这样来实现:选择"Assignments"菜单中的"settings"项,在弹出的对话框中选中"Device",如图 3.37 所示。

(2) 选择目标器件编程配置方式。由图 3.37 中的"Device & Pin Options"按钮进入选择窗,首先选择"Unused Pins"项,在此框的下方有相应的说明,如图 3.38 所示,在此设置"Reserve all unused pins"为"As input tri-stated"。此种方式有利于节省功耗,在 SOPC Builder 中有时出现存储器"verified"错误,也可通过这种方式消除。

4. 编译及了解编译结果

Quartus II 编译器是由一系列处理模块构成的,这些模块负责对设计项目的检错、逻辑综合和结构综合。即将设计项目适配进 FPGA/CPLD 目标器件中,同时产生多种用途的输出文件,

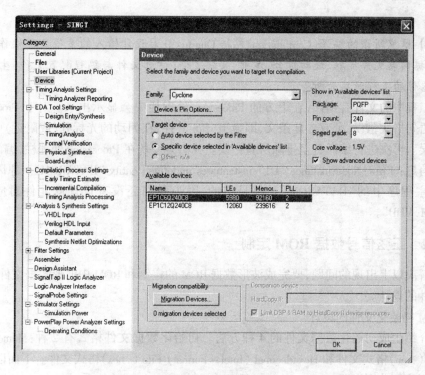

图 3.37 选定目标器件

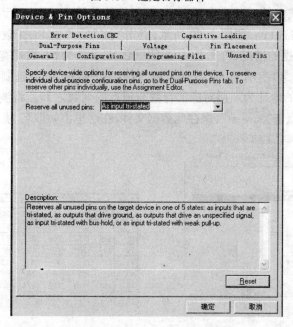

图 3.38 Unused Pins 设置

如功能和时序仿真文件、器件编程的目标文件等。编译器首先从工程设计文件间的层次结构描述中提取信息,包括提取每个低层次文件中的错误信息,供设计者排除,然后将这些层次构建产生一个结构化的以网表文件表达的电路原理图文件,并把各层次中所有的文件结合成一个数据包,以便更有效地处理。下面首先选择"Processing"菜单的"Start Compilation"项,启动全程编译。

【注意】这里所谓的编译(Compilation)包括 Quartus Ⅱ 对设计输入的多项处理操作,其中包括排错、数据网表文件提取、逻辑综合、适配、装配文件(仿真文件与编程配置文件)生成,以及基于目标器件的工程时序分析等。

如果工程中的文件有错误,在下方的 Processing 处理栏中会显示出来。对于 Processing 栏显示出的语句格式错误,可双击此条文,即弹出 vhdl 文件,在闪动的光标处(或附近)可发现文件中的错误。再次进行编译直至排除所有错误。我们会发现在 Processing 处理栏,编译后出现如下错误信息:Error:Node instance "U1" instantiates undefined entity "DATAROM"。原因是图 3.29 所示的主程序中的 "DATAROM" 元件是空的,因为我们还没有设计此元件对应的文件 "DATAROM.VHD"。

3.3.2　正弦信号数据 ROM 定制

为了解决以上出现的问题,要完成波形数据 ROM 的定制和 ROM 中波形数据文件,即 ROM 初始化文件的设计。

1.ROM 初始化文件的设计

以下介绍生成初始化数据文件的 4 种方法。初始化数据文件格式有 2 种:Memory Initialization File (.mif)格式文件和 Hexadecimal (Intel – Format) File (.hex)格式文件。下面以 64 点正弦波形数据为例分别说明。

(1) 建立 .mif 格式文件。首先选择 ROM 数据文件编辑窗,即选择菜单 File→New→Other files→Memory Initialization File,如图 3.39 所示,点击"OK"后产生 ROM 数据文件大小选择窗。这里采用 64 点 8 位数据的情况,可选 ROM 的数据数 Number 为 64,数据宽 Word size 为 8 位,点击"OK",将出现如图 3.40 所示的 mif 数据表格,表格中的数据为 10 进制表达方式,任一数据(如第三行的 99)对应的地址为左侧对应的行数与顶行的列数之和。将波形数据填入此表中,完成后在 File 菜单中点击"Save as",保存此数据文件,在这里不妨取名为 ."romd.mif"。

Addr	+0	+1	+2	+3	+4	+5	+6	+7
0	255	254	252	249	245	239	233	225
8	217	207	197	186	174	162	150	137
16	124	112	99	87	75	64	53	43
24	34	26	19	13	8	4	1	0
32	0	1	4	8	13	19	26	34
40	43	53	64	75	87	99	112	124
48	137	150	162	174	186	197	207	217
56	225	233	239	245	249	252	254	255

图 3.39　进入 mif 文件编辑窗　　　　　　图 3.40　将波形数据填入 mif 文件表中

(2) 建立 .hex 格式文件。建立 .hex 格式文件有两种方法,第一种方法与以上介绍的方法相同,只是在 New 窗中选择"Other files"项后,选择"Hexadecimal (Intel – Format) File"项,最后存盘为 .hex 格式文件。第二种方法是通过普通单片机编译器来产生,即利用汇编程序编辑器将此 64 个数据编辑于如图 3.41 所示的编辑窗中,然后用单片机 ASM 编译器产生 .hex 格式文件。在此不妨取名为"SIND1.asm"，编译后得到 SIND1.hex 文件，现将 sind1.hex 或 romd.mif 文件都存到 e：\ sin_gnt \ asm \ 文件夹中。

　　另两种方法要快捷得多，可分别用 C 程序生成同样格式的初始化文件和使用后面将介绍的 DSP Builder/MATLAB 的工具来生成。现介绍用 C 语言来产生 SIN ROM 所存数值的方法。

```
# include < stdio.h >
# include < math.h >
main( )
{   int i; float s;
    for(i = 0; i < 64; i + + )
    {
        s = sin(atan(1) * 8 * i/64);
        printf("%d : %d; \ n"i,(int) ( (s+1) * 255/2) );
    }
}
```

图 3.41　ASM 格式建立 hex 文件

把上述 C 程序编译后链接，在 DOS 下输入命令行

$$rom\_c > sin\_rom.mif$$

来生成 sin_rom.mif 文件，再加上.mif 文件的头部说明即可。这里 rom_c 为假设的编译后程序名。

　　头部说明：

WIDTH = 8;

DEPTH = 64;

ADDRESS_RADIX = UNS;

DATA_RADIX = UNS;

CONTENT BEGIN

....(中间数据，为 sin_rom.mif 文件中数据，可在文本编辑器中察看)

END;

2.定制 ROM 元件(DATAROM.VHD)

利用 MegaWizard Plug-In Manager 定制正弦信号数据 ROM 步骤如下。

　　(1) 设置 MegaWizard Plug-In Manager 初始对话框。在 Tools 菜单中选择"MegaWizard Plug-In Manager"，产生如图 3.42 所示的界面，选择"Create a new custom..."项，即定制一个新的模块。点击"Next"后，产生如图 3.43 所示对话框，在左栏选择"Storage"项下的"LPM_ROM"，再选"Cyclone"器件和"VHDL"语言方式，最后键入 ROM 文件存放的路径和文件名，即 e：\ sin_gnt \ asm \ datarom.vhd，点击"Next"。

　　(2) 选择 ROM 控制线和地址、数据线。在如图 3.44 所示的对话框中选择数据的位宽与存储字数分别为 8 和 64，选择地址锁存控制信号 inclock，如图 3.45 所示，去除复选框"'q' output port"。点击"Next"进入如图 3.46 所示对话框，并选择数据文件"romd.mif"，或者"sin_rom.mif"，或者"SIND1.HEX"(这三个文件中只需要其中之一即可)。最后完成 ROM 文件 DATAROM.VHD 的生成。然后打开此文件 DATAROM.VHD，可以看到其中调用初始化数据的语句，如图

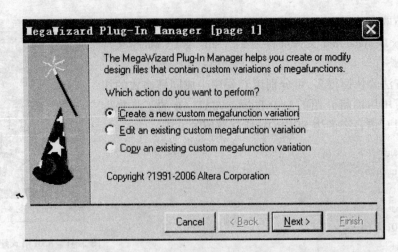

图 3.42　定制新的宏功能块

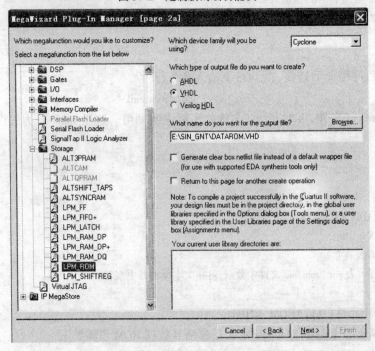

图 3.43　LPM_ROM 宏功能块设定

3.47 所示:init_file => "E:/SIN_GNT/c/sin_rom.MIF",注意保证初始化文件的路径正确。

【注意】与 mif 文件不同,hex 文件必须放在当前工程的子目录中(这里的子目录是 asm),而 DATAROM.VHD 与顶层工程文件 SINGT.VHD 在同一文件夹中! 且后缀 hex 必须小写!

(3)测试 ROM 模块。由于此时 Quartus Ⅱ 的工程设置在顶层文件,现在启动全程编译:选择"Processing"菜单的"Start Compilation"项,此时将不会出现前面的错误信息。但应该注意,如果编译进程信息出现警告语句"Warning:Can't find Memory Initialization...",说明 DATAROM 中未能调入初始化文件的波形数据。需判断文件调用语句路径是否正确。

(4)阅读编译报告。编译成功后,观察编译处理流程,包括数据网表建立、逻辑综合、适配、配置文件装配和时序分析。最下栏是编译处理信息;右栏是编译报告,这可以在"Process-

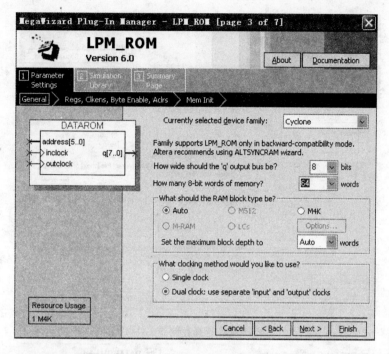

图 3.44　选择 DATAROM 模块数据线和地址线宽度

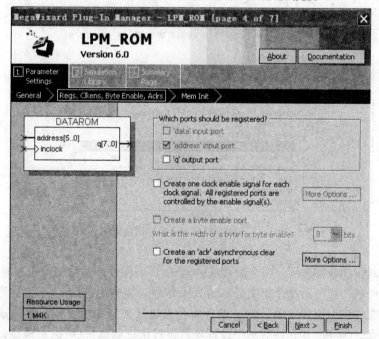

图 3.45　选择地址锁存控制信号 inclock

ing"菜单项的"Compilation Report"处见到。编译后的统计报告显示,逻辑宏单元 LCs 用了 6 个;
内部 RAM 资源为 512 个位单元,恰好等于 64 个 8 位波形数据的大小。

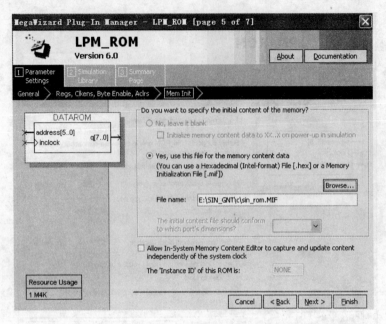

图 3.46　选择存储器文件

```
abc SINGT.vhd                                    abc DATAROM.vhd
70        PORT (
71                clock0  : IN STD_LOGIC ;
72                address_a   : IN STD_LOGIC_VECTOR (5 DOWNTO 0);
73                q_a : OUT STD_LOGIC_VECTOR (7 DOWNTO 0)
74        );
75        END COMPONENT;
76
77 BEGIN
78        q       <= sub_wire0(7 DOWNTO 0);
79
80        altsyncram_component : altsyncram
81        GENERIC MAP (
82                address_aclr_a => "NONE",
83                init_file => "E:/SIN_GNT/c/sin_rom.MIF",
84                intended_device_family => "Cyclone",
85                lpm_hint => "ENABLE_RUNTIME_MOD=NO",
86                lpm_type => "altsyncram",
87                numwords_a => 64,
88                operation_mode => "ROM",
```

图 3.47　DATAROM.vhd 中初始化语句

3.仿真

仿真就是对设计项目进行一项全面彻底的测试,以确保设计项目的功能和时序特性,以及最后的硬件器件的功能与原设计相吻合。仿真操作前必须利用 Quartus II 的波形编辑器建立一个矢量波形文件作为仿真激励。VWF 文件将仿真输入矢量和仿真输出描述成为一波形的图形来实现仿真。Quartus II 允许对整个设计项目进行仿真测试,也可以对该设计中的任何子模块进行仿真测试,方法是设定为"Simulation focus"。仿真设定单元(Simulation Settings)允许设计者指定该模块的仿真类型,仿真覆盖的时序和矢量激励源等。Time/Vectors 仿真参数设定窗允许设定仿真时间区域,以及矢量激励源。对工程的编译通过后,必须对其功能和时序性质进行仿真测试,以了解设计结果是否满足原设计要求,步骤如下:

(1) 打开波形编辑器。选择菜单 File→New→Other Files→Vector Waveform File,点击"OK",

即出现空白的波形编辑器，如图 3.48 所示。

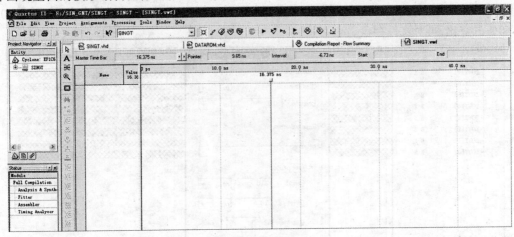

图 3.48　波形编辑器

(2) 设置仿真时间区域。为了使仿真时间轴设置在一个合理的时间区域上，在"Edit"菜单中选择"End Time"项，在弹出的"Time"窗中键入 50，单位选"us"，即整个仿真域的时间设定为"50 us"，点击"OK"，结束设置。

(3) 存盘波形文件。选择 File 中的"Save as"，将以 SINGT.vwf(默认名)命名的波形文件存入文件夹 e：\ sin_gnt \ 中。

(4) 输入时钟信号节点。即将时钟信号节点选入此波形编辑器中。方法是选择菜单View→Utility Windows→Node Finder，其对话框如图 3.49 所示，在"Filter"框中选"Pins：all"，然后点击"List"钮。于是在下方的"Nodes Found"窗中出现了设计中的 singt 工程的所有端口引脚名(如果此对话框中的"List"不显示，需要重新编译一次，即选"Processing? Start Compilation"，然后再重复以上操作过程)。用鼠标将重要的端口节点 CLK 和输出总线信号 DOUT 都拖到波形编辑窗，点击波形窗左侧的全屏显示钮，全屏显示，并点击放大缩小钮后，用鼠标在波形编辑区域右键点击，使仿真坐标处于适当位置。

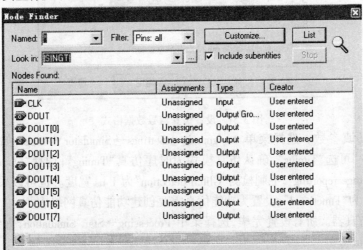

图 3.49　Node Finder 对话框

(5) 编辑输入波形(输入激励信号)。点击时钟名 CLK,使之变蓝色,再点击左列的时钟设置键,在"Clock"窗中设置 CLK 的周期为 3 μs,如图 3.50 所示,"Duty cycle"是占空比,可选 50,即 50% 占空比,再对文件存盘。

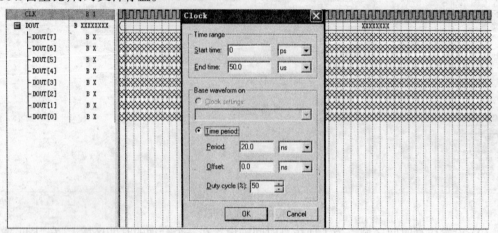

图 3.50 选择时钟周期和占空比

(6) 设置总线数据格式。如果点击如图 3.50 所示的输出信号"DOUT"左旁的" + ",则将展开此总线中的所有信号;如果双击此" + "号左旁的信号标记,将弹出节点属性对话框,在框中可以设置该信号数据格式,如图 3.51 所示。在该对话框的"Radix"栏有 6 种选择,这里选择"Unsigned Decimal"。

图 3.51 设置仿真信号数据格式

(7) 设置仿真参数。选择菜单 Assignment→Settings→Simulator Settings,如图 3.52 所示。"Simulation mode"可选"Timing",确认仿真模式为时序仿真"Timing";选择"Options",确认选定"Simulation coverage reporting";毛刺检测"Glitch detection"为 1 ns 宽度。也可以采用功能仿真模式,也就是设置为"Functional",设置为功能仿真需要创建功能仿真网络表。

(8) 启动仿真器。所有设置完毕,选择菜单 Processing→Start Simulation,直到出现"Simulation was successful"。

(9) 观察仿真结果。仿真波形文件"Simulation Report"通常会自动弹出,如图 3.53 所示,将

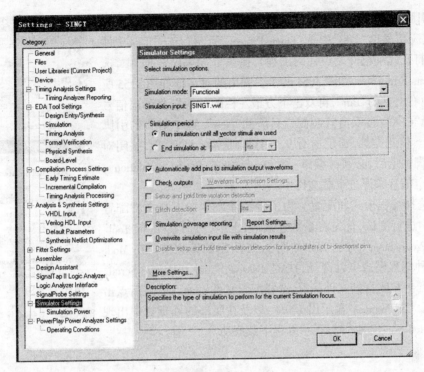

图 3.52　仿真设置

仿真输出结果与文件数据(图 3.39)比较。

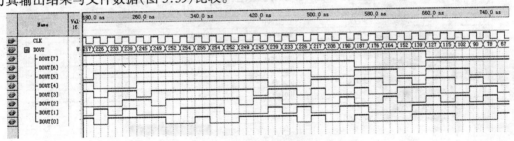

图 3.53　SINGT 工程仿真波形

【注意】Quartus Ⅱ 的仿真波形文件中,波形编辑文件(＊.vwf)与波形仿真报告文件(Simulation Report)是分开的,而 Max＋plus Ⅱ 的编辑与仿真报告波形是合二为一的。如果启动仿真(Processing? Run Simulation)后,并没有出现仿真完成后的波形图,而是出现文字"Can't open Simulation Report Window",但报告仿真成功,则可自己打开仿真波形报告,选择"Processing? Simulation Report"。

4. 引脚锁定、下载和硬件测试

为了能对计数器进行硬件测试,应将计数器的输入输出信号锁定在芯片确定的引脚上,在此选择 GW48 - SOPC 系统的电路模式 No.5。SOPC/DSP 适配板的引脚情况,通过查附录的附图和芯片引脚对照表来确定。

其引脚分别为:主频时钟 CLK 接 Clock0(第 28 脚);从附图可知,8 位波形数据输出给 GW48 系统的 DAC0832,其输入引脚为 PIO24 ~ PIO31,通过查表知道相应引脚号分别为 21、41、128、132、133、134、135、136。

(1) 引脚锁定。假设现在已打开了 SINGT 工程(如果刚打开 Quartus Ⅱ,应在菜单“File”中选“Open Project”项,并点击工程文件“SINGT”,打开此前已开始设计的工程),在菜单“Assignments”中,选“Assignments Editor”项,如图 3.54 所示。弹出的对话框如图 3.55 所示,先选中右上方的“Pin”,再双击下方最左栏的“New”,将弹出信号名栏,选择“CLK”,再双击其右侧栏对应的“New”,选中需要的引脚名(如 28)。依此类推,锁定所有 9 个引脚,最后点击存盘,关闭对话框。引脚锁定后,必须再编译一次(Processing? Start Compilation),将引脚锁定信息编译进下载文件中。

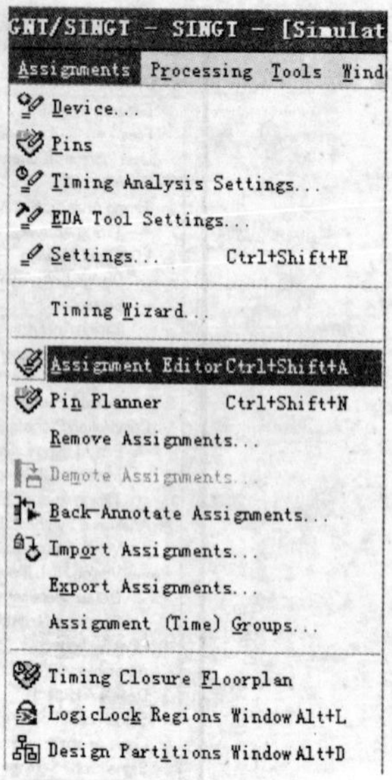

图 3.54 引脚锁定编辑器

(2) 选择编程模式和配置。为了将编译产生的下载文件配置进 FPGA 中进行测试,首先将系统连接好,上电,然后在菜单“Tool”中,选择“Programmer”,于是弹出如图 3.56 所示的编程窗。在 Mode 栏中有三种编程模式可以选择,JTAG、Passive Serial 和 Active Serial。选 JTAG,点击左侧打开文件标符,选择配置文件 singt.sof,最后点击下载标符。当“Progress”显示出 100%,以及在底部的处理栏中出现“Configuration Succeeded”时,表示编程下载成功。

Edit:

	From	To	Assignment Name	Value	Enabled
1		CLK	Location	PIN_28	Yes
2		DOUT[0]	Location	PIN_21	Yes
3		DOUT[1]	Location	PIN_41	Yes
4		DOUT[2]	Location	PIN_128	Yes
5		DOUT[3]	Location	PIN_132	Yes
6		DOUT[4]	Location	PIN_133	Yes
7		DOUT[5]	Location	PIN_134	Yes
8		DOUT[6]	Location	PIN_135	Yes
9		DOUT[7]	Location	PIN_136	Yes
10	<<new>>	<<new>>	<<new>>		

图 3.55 引脚锁定编辑窗

(3) 选择编程器。在如图 3.56 所示的编程窗中,选“Setup”钮可设置下载接口方式,这里选择“ByteBlaster MV[LPT1]”。方法是点击如图 3.56 所示编程窗上的“Hardware”钮,即弹出“Hardware Setup”对话框,选择此框的“Hardware settings”页,再双击此页中的选项“ByteBlaster-MV”或“ByteBlasterII”之后点击“Close”钮,关闭对话框即可。

对 GW48PK2 系统左侧的“JP5”跳线选择“Others”,当进入菜单“Tool”,打开“Programmer”窗后,将显示“ByteBlasterMV[LPT1]”,而若对“JP5”跳线选择“ByBtII”,则当进入菜单“Tool”,打开“Programmer”窗后,将显示“ByteBlasterII[LPT1]”,若对 Cyclone 的配置器件编程,必须使用此编程窗。

(4) 下载后,打开 SOPC 系统左上侧的“+/-12V”开关(D/A 输出需要),将示波器探头接于主系统左下角的两个挂钩处,最右侧是时钟选择,用短路帽接插 clock0 为 65 536 Hz 或 750 kHz处,模式选择 5,这时可以从示波器上看到波形输出。

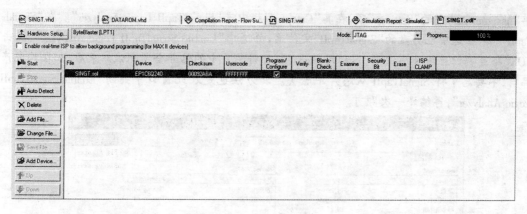

图 3.56　JTAG 编程下载

5.使用嵌入式逻辑分析仪进行实时测试

（1）选择菜单 File→New→Other Files→SignalTapII File，点击"OK"，即出现如图 3.57 所示的 SignalTapII 编辑窗。

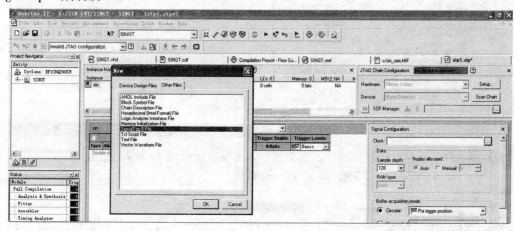

图 3.57　SignalTapII 编辑窗

（2）调入待测信号及文件存盘。首先点击上排"Instance"栏内的"auto ＿ signaltap ＿ 0"，根据自己的意愿将其改名，如"SIN"（注意不能与工程名相同），这是其中一组待测信号名。为了调入待测信号名，在下栏的空白处双击，即弹出如图 3.58 所示的"Node Finder"窗，点击"List"即在左栏出现与此工程相关的所有信号，包括内部信号。选择如图 3.58 所示的 2 组总线信号：计数器内部锁存器总线 Q1 和波形数据输出端口信号总线 DOUT。点击"OK"后即可将这些信号调入 SignalTapII 信号观察窗，如图 3.59 所示。

【注意】不能将工程的主频时钟信号调入信号观察窗。如果有总线信号的，只需调入总线信号名即可，相对的慢速信号可不调入；调入信号的数量应根据实际需要来决定，不可随意调入过多的、没有实际意义的信号，这会导致 SignalTapII 无谓地占用芯片内过多的资源。然后是将 SignalTapII 文件存盘。选择菜单 File→Save As，键入此 SignalTapII 文件名，后缀是默认的"stp"。点击"保存"后将出现一个提示（图 3.59）："Do you want to enable SignalTapII..."，应该点击"是"，表示同意再次编译时将此 SignalTapII 文件（核）与工程（sindt）捆绑在一起综合/适配，以便一同被下载进 FPGA 芯片中去。如果点击了"否"，则必须自己去设置。其方法是选择菜单"Assignments"中的"Settings"项,在其"Category"栏中选"SignalTapII Logic Analyzer"。在"Signal-TapII File"栏选中已存盘的"SignalTapII"文件名,并选中"Enable SignalTapII Logic Analyzer",点击"OK"即可。但应该特别注意,当利用 SignalTapII 将芯片中的信号全部测试结束后,如在构成产品前,不要忘了将 SignalTapII 从芯片中除去。其方法也是在此窗口中关闭"Enable SignalTapII Logic Analyzer",再编译一次即可。

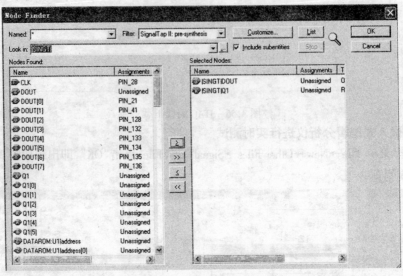

图 3.58　选择需要测试的信号

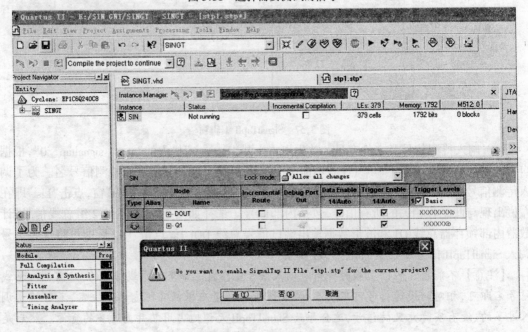

图 3.59　信号调入观察窗

(3) SignalTapII 参数设置。点击全屏按钮和窗口左下角的"Setup"页,即出现如图 3.59 所示的全屏编辑窗。首先选择输入逻辑分析仪的工作时钟信号 Clock,点击"Clock"栏左侧的"..."按钮,选中工程的主频时钟信号,对于本工程是 CLK。接着在 Data 框的"Sample"栏选择此组信号(SIN)的采样深度为 1 k 位。

【注意】这个深度一旦确定,则 SING 信号组的每一位信号都获得同样的采样深度:1 k 位。

然后是对待观察信号的要求,在"Buffer acquisition mode"框的"Circulate"栏设定在既定的采样深度中起始触发的位置,比如选择中点触发:"Center trigger position"。最后是触发信号和触发方式,这可以根据具体需求来选定。在 Trigger 框的"Trigger"栏选择 1;选中小的 Trigger 框,并在"Source"栏选择触发信号,在此选择 SINGT 工程的内部计数器最高位输出信号 Q1[5]作为触发信号;在"Pattern"栏选择高电平触发方式:"Rising Edge"。即当 Q1[5]为上升沿时,SignalTapII 在 CLK 的驱动下对 SING 信号组的信号进行连续或单次采样(根据设置决定)。再次点击存盘按钮。

(4) 编译下载。首先选择"Processing"菜单的"Start Compilation"项,启动全程编译。编译结束后,SignalTapII 的观察通常会自动打开,但若没有打开,或新启动过程,可选择菜单"Tools"中的"SignalTapII Analyzer",打开 SignalTap II 如图 3.60 所示。

接着打开实验开发系统的电源,连接 JTAG 编程口,设定通信模式。通过如图 3.61 所示右上角的"Setup"钮选择硬件通信模式:ByteBlasterII 或 ByteBlasterMV。然后点击下方的"Device"栏的 Scan Chain 钮,对实验板进行扫描。如果在栏中出现板上 FPGA 的型号名,表示系统 JTAG 通信情况正常,可以进行下载。最后是在"File"栏选中下载文件(singt.sof),点击下载标号,观察左下角下载信息。下载成功后,设定实验板上的模式和恰当的控制信号,使计数器工作(CLK 频率可在 Clock0 处设为 750 kHz)。

(5) 启动 SignalTapII 进行测试与分析。如图 3.61 所

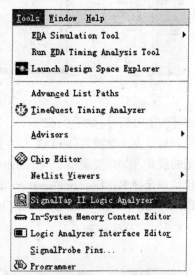

图 3.60　打开 SignalTapII 窗口

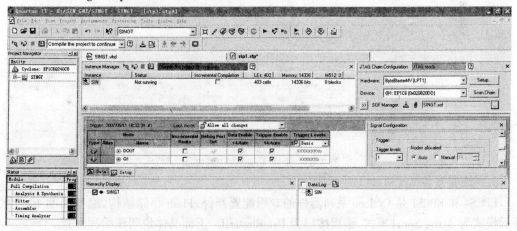

图 3.61　在此窗口下载,并准备启动

示,单击 Instance 名"SIN",再点击"Autorun Analysis"钮,启动 SignalTapII,然后点击左下脚的"Data"页和全屏控制钮,这时就能在 SignalTapII 数据窗通过 JTAG 口观察到来自实验板上 FPGA

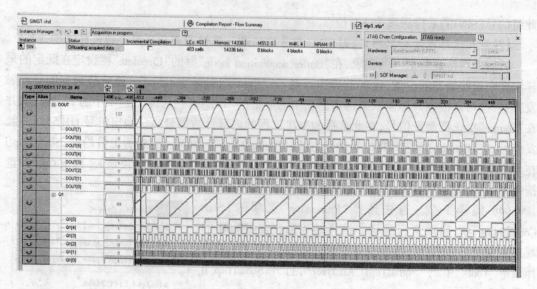

图 3.62　SignalTapII 数据窗的实时信号

内部的实时信号,如图 3.62 所示。数据窗的上沿坐标是采样深度的二进制位数,全程是 1 k
位。如果点击总线名(如 DOUT)左侧的"＋"号,可以展开此总线信号,同时可用左右键控制数
据的展开。如果要观察相应的模拟波形,右键点击 DOUT(或 Q1)左侧的端口标号,在弹出的下
拉栏中选择 Bus Display Format→Unsigned Line Chart,于是得到如图 3.62 所示信号。如果选择
Bus Display Format→Unsigned Bar Chart,就得到如图 3.63 所示的信号。

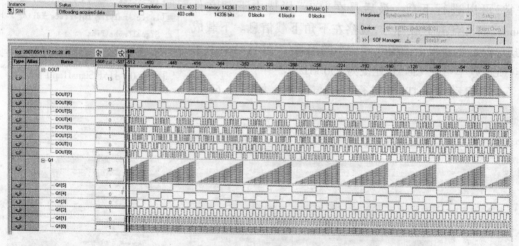

图 3.63　采用 Unsigned Bar Chart

6.对配置器件 EPCS4/EPCS1 编程

EPCS4 和 EPCS1 是 Cyclone 系列器件的专用配置器件,Flash 存储结构,编程周期 10 万次。
编程模式为 Active Serial 模式,编程接口为 ByteBlasterII。下面具体说明该编程方式。

(1) 选择编程模式。点击如图 3.64 所示窗口的"Mode"栏,选择"Active Serial Programming"
编程模式。打开编程文件,选中文件"SINGT.pof",如图 3.64 所示,对 3 个编程选择点击打勾。

(2) 选择接插模式。GW48 主系统上的 JP5 跳线接"ByBtII",即选择 ByteBlasterII 编程方式
(JP6 接 3.3 V);SOPC/DSP 适配板上的"MSEL0"短接 PS,4 跳线都接插"AS"端,J6 五跳线都接

插"AS Download"端。最后将10芯线连接主系统的"ByteBlasterII"接插口和适配板上的10芯 AS模式编程口。

(3) AS模式编程下载。点击如图3.64所示窗口的下载键,编程成功后 FPGA 将自动被EPCS器件配置而进入正常工作状态。最后将为 AS 模式编程改变的短路帽跳线全部还原。

【注意】如果编程校验失败,重新编程时,必须用手按住系统右侧的"系统复位键",直至编程结束才能松开。

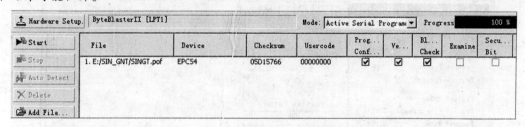

图 3.64 ByteBlasterII 接口 AS 模式编程窗口

7. 了解此工程的 RTL 电路图

选择菜单 Tools → RTL Viewer,即弹出如图3.65所示的工程 SINGT 的 RTL 电路图,由图可以了解该工程的电路结构。其中,6个 D 触发器构成 6 位锁存器,他们与加法器构成 6 位计数器,即波形数据 ROM 的地址发生器。

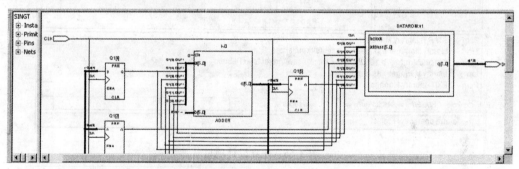

图 3.65 工程 SINGT 的 RTL 电路图

3.4 Xilinx 开发环境 Fundation 使用入门

Xilinx 公司是世界上最大的 FPGA/EPLD 生产商之一,其 Xilinx Foundation 开发环境也是电子工程师最常用的软件之一,它以流程图的方式引导用户一步步地完成设计。在 Foundation 开发环境中,可以完成设计输入(原理图和 VHDL)、逻辑综合、逻辑功能仿真、逻辑编译、功能验证、时序分析、编程下载等 EDA 设计的所有步骤。

Foundation 支持下列 FPGA/CPLD 器件的编程:FPGA 器件 XC4000 系列;Spartan、SpartanⅡ、SpartanXL;Virtex、VirtexZ、VirtexE;CPLD 器件 XC9500 系列。

下面以 Foundation F4.1i 为例,介绍在 Xilinx 开发环境下 EDA 设计的流程。

1. 建立设计项目

启动软件打开 EDA 开发环境,如图 3.66 所示。选择菜单"File"中的"New Project"功能,出现如图 3.67 所示的对话框,在"Name"框内填上项目名,如 EX1。项目的设计数据可以保存在软件缺省指定的目录下,软件缺省的设计目录为 C: \ XILINX \ ACTIVE \ PROJECTS,也可以自己指定设计目录。"Flow"指定设计输入的方法,"Schematic"表示用原理图方式进行设计,如图 3.68 所示。"HDL"表示用 VHDL 方式进行设计,这里选中"HDL"。按"OK"确认退出。

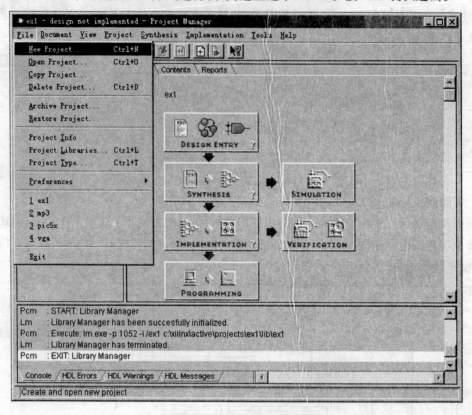

图 3.66 建立设计项目

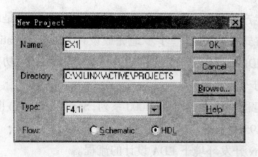

图 3.67 定义文件名

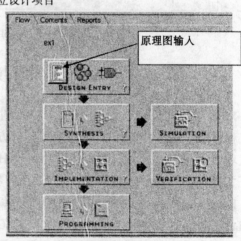

图 3.68 原理图输入

2.建立空设计文件,输入 VHDL 程序

在流程图窗口内,选择文本输入图标,打开 VHDL 输入窗口。如图 3.69 所示,选择打开方式为"Create Empty",在空的窗口中输入 VHDL 语言,其中 a 和 b 表示全加器的两个输入,c_in 表示低位进位输入,sum 表示全加器的和,c_out 表示全加器的进位。

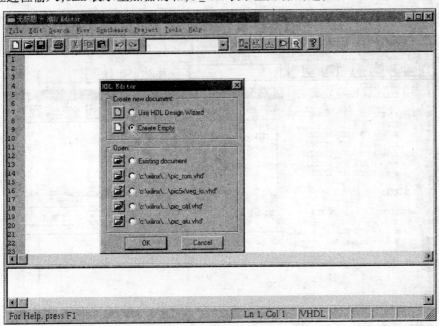

图 3.69   建立空设计文件

```
LIBRARY IEEE;
    USE IEEE. std _ logic _ 1164. ALL;
    ENTITY EX1 IS
      PORT (
      a : IN STD _ LOGIC;
      b : IN STD _ LOGIC;
      c _ in : IN STD _ LOGIC;
      sum : OUT STD _ LOGIC;
      c _ out: OUT STD _ LOGIC
      );
    END EX1;
    ARCHITECTURE behv OF EX1 IS
    BEGIN
      sum <=  a XOR b XOR c _ in;
      c _ out <=  (a AND b) OR (c _ in AND (a OR b));
    END behv;
```

3.保存 VHDL 文本

在文本窗口内,选择菜单"File"中的"Save as..."功能,将 VHDL 保存起来,保存的路径软件会自动给出,一般不要改动,保存类型选择"VHDL File",文件名为"EX1.VHD"。如图 3.70 所示,保存程序后,可以对 VHDL 文件进行语法检查,选择文本编辑窗口的菜单"Synthesis"中的"Check Syntax"功能对 VHDL 进行检查。

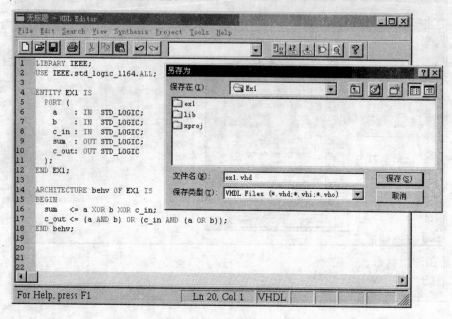

图 3.70 输入 VHDL 语言程序

4.将 VHDL 文件加入项目中

前面建立的项目为空项目,没有设计文件,这时需要加入设计文件,可以是原理图,也可以是 VHDL 文件。选择主菜单"Project"中的"Add Source File(s)"功能,在窗口中选择刚才保存的"EX1.VHD"文件。

5.对项目中的设计进行综合

在如图 3.71 所示的流程图窗口内,选择综合功能的图标,用软件对设计进行综合。如果在进行综合之前,没有设置过项目的属性,这时软件会自动弹出综合/编译属性设置对话框,让用户对属性进行设置,如图 3.72 所示。设置时主要是选择 FPGA/EPLD 芯片的类型和速度,在"Target Device"框内的"Family"栏内选择芯片的系列,这里选 XC9500 系列;在"Device"栏内选择具体的芯片型号,这里选 9572PC84;在"Speed"栏内选择芯片速度,这里选 15,按"Run"钮启动综合/编译程序。用主菜单"Project"中的"Create Version"功能也可以弹出综合/编译属性设置对话框,让用户设置项目属性。如果综合过程中发现错误,程序会停止,并提示错误,也可以用文本编辑窗口的菜单"Synthesis"中的"View Report"功能查看详细错误信息。改正设计中的错误后,重新进行综合,直到完成。如果综合前没有进行语法检查,程序会自动先做检查,然后再综合。

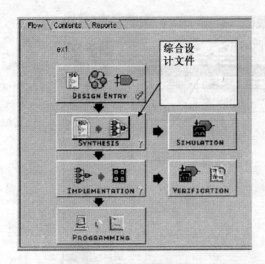

图 3.71　流程图窗口

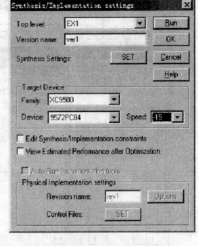

图 3.72　属性设置

6．逻辑功能模拟

综合完成后，就可以用软件进行逻辑功能的模拟。用鼠标选择如图 3.73 所示窗口内的逻辑功能模拟图标，打开软件逻辑模拟窗口，用户将想要观察的信号和需要驱动的信号添加到此窗口内，定义驱动波形，然后启动软件模拟逻辑功能，在窗口内就可以看到各信号的状态，此时的波形是在理想状态、信号无延时情况下的逻辑运行结果。

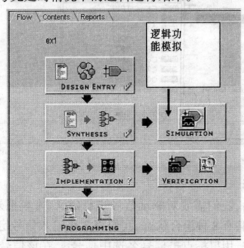

图 3.73　逻辑功能模拟

7．在窗口内添加信号

新打开的波形窗口中没有信号，如图 3.74 所示，用户需将要观察的信号和驱动信号加入到窗口内。选择软件模拟窗口的菜单"Signal"中的"Add Signals"功能，系统弹出添加信号窗口，在窗口的"Signals Selection"框内双击想要观察的信号名和驱动信号名，就会自动添加到观察窗口内；或选择好信号名后，按"Add"钮，也可将信号加入观察窗口。窗口内有很多中间信号，我们选择 a、b、c_in 这三个输入的驱动信号和 c_out、sum 这两个输出信号，完成信号添加后，按"Close"钮关闭添加信号窗口，如图 3.75 所示。

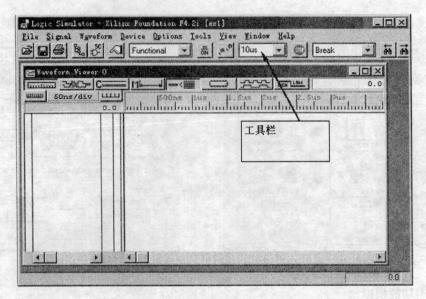

图 3.74　软件逻辑模拟的波形窗口

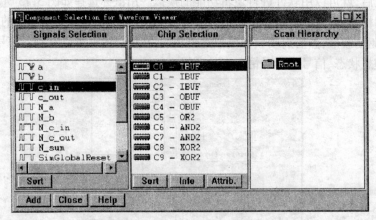

图 3.75　添加信号窗口

8.定义驱动信号波形

信号加入观察窗口后,我们需要对驱动信号进行定义,来模拟外部的输入时序。在本例中,全加器的 3 个输入端共有 8 种组合状态,我们将 3 路输入信号定义成不同频率的时钟,就可组合成 8 个状态。首先,用鼠标点击信号名选中信号 a,在该信号右边的波形区内(红线右边)按鼠标右键,选择弹出菜单的"Insert Formula"功能,弹出公式输入波形的对话框,如图 3.76 所示。"Start Time"表示定义的起始时间,这里填入 0.0;Replace Mode 表示是覆盖原有信号还是在该处插入定义的信号,这里可以不选中;"Enter Formula"栏是让用户输入描述波形的公式,我们要将信号 a 定义成 100 ns 高 100 ns 低,这样重复 10 次,公式为(H100L100)10,具体公式如何定义,可按"Help"钮寻求帮助。公式写好后,按"Insert"钮确认。定义好信号 a 后,不需要退出公式对话框,直接在波形窗口的信号名选择信号 b,在公式输出栏中填入公式(H200L200)4,表示信号 b 定义为 200 ns 高 200 ns 低,重复 4 次。如此我们再将信号 c _ in 定义成 400 ns 高 400 ns 低,重复 2 次,公式为(H400L400)2。全部输入信号定义完成后的波形窗口如图 3.77 所示。

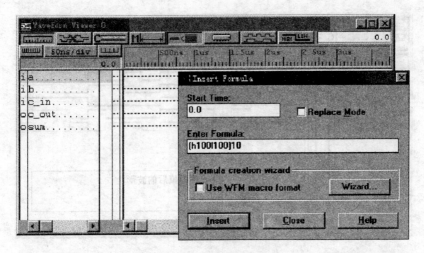

图 3.76   公式定义波形

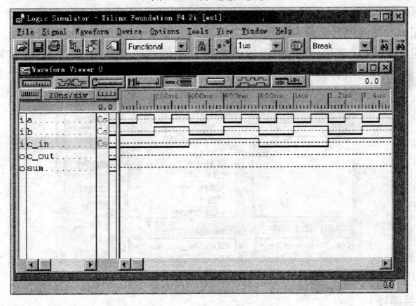

图 3.77   完成定义的波形

9.运行软件逻辑仿真

当所有输入的波形定义好之后,就可以进行软件逻辑功能模拟仿真了。按下逻辑功能模拟窗口工具栏里的单步模拟图标,软件模拟器每次所走的时间可由用户设定。模拟器每走一步,输出信号的波形就会输出一步的信号,若仿真过程中发现输出信号不是设计要求的,可以重新定义输入信号的波形,按下逻辑模拟窗口工具栏里的加电图标,软件模拟器复位,再按单步模拟,重新开始逻辑功能模拟。软件模拟后的波形如图 3.78 所示。在波形窗口中,点击鼠标左键,出现蓝色标尺,用此标尺可比较信号的延时情况,因为是逻辑功能模拟为理想状态,从图上可以看出输出信号与输入信号之间没有延时。

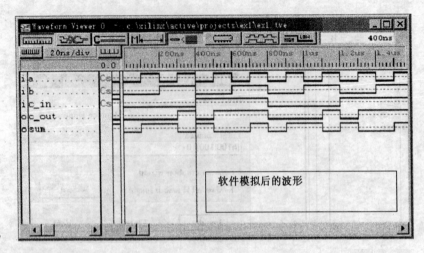

图 3.78　软件模拟后的波形

10.保存仿真波形

仿真完成后的波形可以保存下来,定义的输入波形在下次仿真时能调出使用。选择仿真窗口主菜单 File→Save Wave form,出现如图 3.79 所示的对话框,填上文件名,波形文件后缀为 * .tve,按"确定"保存文件。

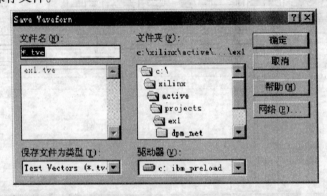

图 3.79　保存仿真波形

11.项目编译

逻辑功能仿真完成后,就要将项目中的设计电路编译生成目标文件,目标文件再下载到具体的芯片中,来实现项目中设计的逻辑功能。用鼠标点击如图 3.80 所示流程图窗口中的编译图标启动编译程序。如果是项目第一次编译,软件会弹出综合/编译设置对话框,对编译属性进行设置,具体的设置方法和技巧可参考软件的帮助,本例中无需设置,按"Run"钮开始编译即可。编译时,软件显示编译过程的窗口,一步一步地显示编译的过程。如图 3.81 所示,如果有错,程序会给出提示,用户可观察出错报告找出错误所在,解决错误后再次综合/编译,直到编译完成。

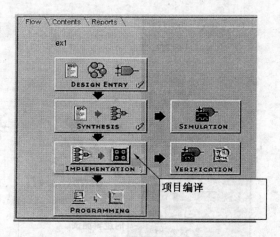

图 3.80 流程图

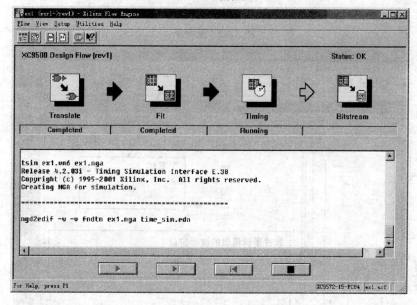

图 3.81 项目编译

12. 逻辑功能验证

当项目中设计电路按具体芯片编译后,要对
产生的数据是否正确进行验证,前面的逻辑功能仿真是对所设计的逻辑功能进行仿真,现在的
验证是对编译产生的数据进行测试。因为编译产生的数据是针对某个具体的芯片内部的逻辑
电路,与理想的逻辑电路有所不同。用鼠标点击如图 3.82 所示流程图窗口中的逻辑验证图
标,软件打开逻辑功能仿真窗口,波形窗口中为空白,如图 3.83 所示。用仿真窗口菜单"File"
中的"Load Waveform"功能打开前面保存的波形,这里主要是用前面定义的 a、b、c_in3 个输入
信号,保存的输出信号 c_out、sum 可以不考虑。在仿真窗口的工具栏中,选择仿真功能为
"Timing",即时序仿真功能,按工具栏中的加电图标复位电路,再按工具栏中的单步模拟进行
单步时序仿真。仿真完成后,在波形窗口内输入信号有变化的地方点击鼠标左键,可以看到在
输入信号有变化时,输出信号没有立即变化,而是有一些延时,如图 3.84 所示。

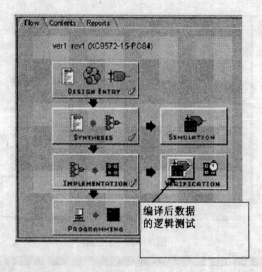

图 3.82　流程图

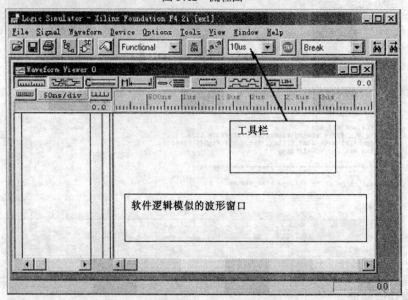

图 3.83　逻辑模拟波形窗口

13.时序分析

时序分析程序可以精确地计算出输入信号到输出信号之间的延时,让用户了解所设计的电路的最大工作频率。用鼠标点击如图 3.85 所示窗口中的时序分析图标,软件打开时序分析窗口,在时序窗口中,按照项目所选择的芯片型号,可以看到从输入信号经过几级中间信号再到输出信号,信号之间的延时及总的延时。

14.将信号锁定到芯片的管脚

在前面的仿真过程中,信号都是随意分配到芯片的管脚上,在将编译后目标文件下载到芯片上之前,要将设计中的输入、输出信号锁定到芯片的管脚,在 Xilinx 的 Foundation 开发环境中,信号到管脚的锁定是用文件描述的。选择开发环境的主菜单"Project"中的"Add Source Files"功能,出现如图 3.86 所示的对话框,文件类型设为 All Files（ ＊.＊ ）,在当前目录下选中

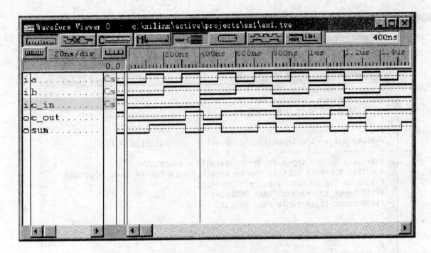

图 3.84　时序仿真后的波形

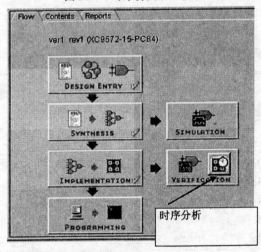

图 3.85　时序分析

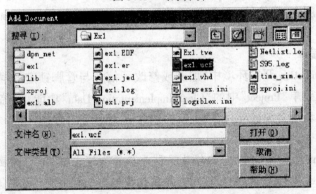

图 3.86　加入管脚锁定文件

ex1.ucf 文件加入到项目中,此文件就是管脚锁定文件,为文本文件,可以编辑输入管脚的描述。在项目管理窗口中双击此文件名打开文件,如图 3.87 所示。在文件的最后加上以下信号到芯片管脚锁定的描述语句。

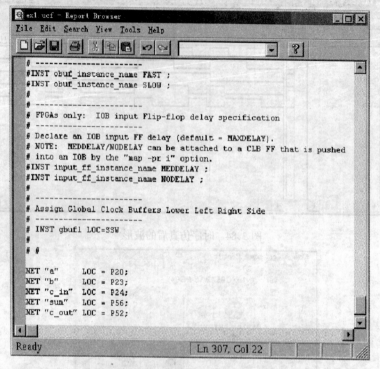

图 3.87　管脚锁定文件描述

NET "a"	LOC = P20;
NET "b"	LOC = P23;
NET "c _ in"	LOC = P24;
NET "sum"	LOC = P56;
NET "c _ out"	LOC = P52;

　　这里将信号 a 锁定到芯片的 20 号脚上,将信号 b 锁定到芯片的 23 号脚上,将信号 c _ in 锁定到芯片的 24 号脚上,将信号 sum 锁定到芯片的 56 号脚上,将信号 c _ out 锁定到芯片的 52 号脚上。

15.重新综合/编译

　　在 Xilinx 的 Foundation 开发环境中,加入或修改了信号与管脚锁定的描述后,要全部重新综合/编译。选择主菜单"Project"中的"Clear Implementation Data"功能,将综合/编译产生的数据全部清除,然后重新综合编译项目,产生新的包含管脚信号的数据文件,才可以编程下载到芯片上。

　　【注意】在 Xilinx 开发环境中,每次修改了信号与管脚锁定描述后,都要清除旧的综合/编译数据,重新编译产生新的数据,否则可能会导致错误。

16.编程下载

　　当用软件仿真验证设计的电路工作正常时,就可以将编译产生的位图文件编程下载到芯片,用芯片来工作了。在编程下载之前,首先用下载电缆将计算机的打印口连接到有 FPGA/EPLD芯片的目标板,接通目标板的电源。在软件开发环境中用鼠标选择编程下载图标,启动编程下载程序,出现如图 3.88 所示的编程下载窗口。

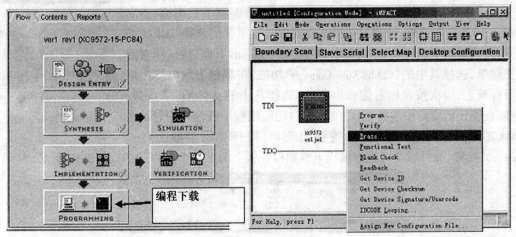

图 3.88　编程下载

【注意】在 Xilinx 的 Foundation 开发环境中,CPLD 的编程下载与 FPGA 的编程下载略有不同。

现以 CPLD 为例说明编程下载过程,FPGA 的下载过程随后说明。

(1) CPLD 编程下载

在编程下载窗口中, 选择 "Boundary Scan"页面,点击芯片图标选中芯片,按鼠标右键弹出菜单,选择弹出菜单的"Erase"功能全部清除 CPLD 芯片原有的内容,当清除完成后,软件显示"Erase Succeeded",表示擦除正确。再按鼠标右键弹出菜单,选择弹出菜单的"Program"功能,将弹出如图 3.89 所示的对话框,对芯片编程。

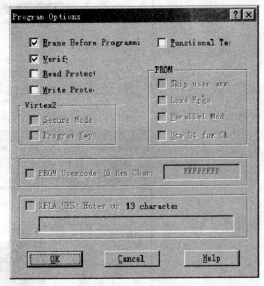

图 3.89　编程下载

◆ Erase Before Programming 提示用户在编程之前是否要擦除芯片内原有内容,如果芯片没有被写保护,在这里可以擦除;如果芯片被写保护,只有前面的 Erase 操作才能擦除芯片内容;如果前一步已经执行过擦除操作,这里可以不选中。

◆ Verify 提示用户在编程时是否验证编程过的内容是否正确。

◆ Read Protect 提示用户是否要对芯片内容读保护,即不允许他人读出芯片内容。

◆ Write Protect 提示用户是否对芯片内容进行写保护,被写保护过的芯片,不能对其进行编程操作,只有执行了 Erase 操作对其全部擦除后,才能对芯片再次编程。

◆ Functional Test 提示用户编程下载后是否要做功能测试,这里不要选中此项功能。

按"OK"钮确认后,对芯片进行编程,如果编程下载没有错误,软件显示"Programming Succeeded"。

（2）FPGA 编程下载

在软件开发环境的流程图窗口中用鼠标选择编程下载图标，弹出如图 3.90 所示对话框，让用户选择编程硬件。这里我们选择"iMPACT"方式，打开编程下载窗口，在窗口中选择"Slave Serial"页面，按鼠标右键弹出菜单，选择其中的"Cable Auto Connect"功能，将编程下载电缆接通到目标板上，再次按鼠标右键弹出菜单，选择其中的 Add Xilinx Device 功能，在弹出的窗口中选择 EX1.BIT 文件打开，编程下载窗口中显示出 FPGA 芯片，在芯片上按鼠标右键弹出菜单，选择弹出菜单的"Program..."功能，软件就会将程序编程下载到目标板上的芯片了，如图 3.91、图 3.92 所示。

图 3.90　编程下载

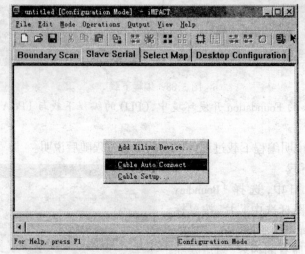

图 3.91　接通 FPGA 目标板

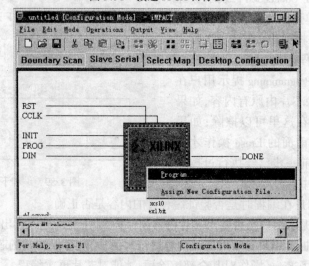

图 3.92　对芯片编程下载

3.5　ISE 集成开发环境使用入门

3.5.1　ISE 集成开发环境介绍

ISE 系列软件是 Xilinx 公司新一代的 FPGA/CPLD 集成开发环境,是由早期的 Foundation 系列开发软件逐步发展过来的一套工具集,其集成的工具可以完成整个 FPGA/CPLD 的开发过程,是一个强大的 FPGA/CPLD 开发软件。ISE 作为高效的 EDA 设计工具的集合,与第三方软件取长补短,使软件功能越来越强大,为用户提供了更加丰富的 Xilinx FPGA/CPLD 设计平台。ISE 5.x 支持所有 Xilinx 的 FPGA/CPLD 主流产品,而对逐步淘汰的 Spartan、Spantan XL 和 XC4000 系列 FPGA 却不再支持。ISE 5.x 支持如下系列的 FPGA/CPLD:Virtex、VirtexE、Virtex2 和 Virtex2 PRO;Spartan II 和 Spartan 3 系列;CPLD(9500 系列)和 CoolRunner 系列。

ISE 集成开发环境完全支持 VHDL 和 Verilog 的设计流程,其内部嵌有 VHDL、Verilog 逻辑综合器 XST 和测试激励生成器用以仿真验证。本节将以 4 位加法计数器示例介绍 ISE 的使用方法。

3.5.2　ISE 集成开发环境设计流程

1.设计输入(VHDL)

首先创建一个新的工程项,任何一项设计都是一项工程(Project),都必须首先为此工程建立一个放置与此工程相关的所有文件的文件夹,可以按下面的步骤创建一个新的工程项。

(1) 选择 File→New Project。

(2) 出现如图 3.93 所示的窗口。先在"New Projet"对话框中的"Project Location"下键入新工程项的存放路径;然后输入工程名称,系统自动为每一个工程设定一个目录,目录名为工程名,在"Project Name"下键入"adder",代表加法计数器,此时系统会自动在"Project Location"下创建一个 adder 子目录。

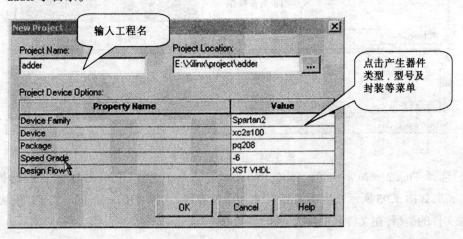

图 3.93　新建工程项对话框

（3）在下边的窗口中选择设计实现时所用的器件。这里的选择与目标板上的 FPGA 必须一致，否则生成的下载文件无法配置到 FPGA 中。此处若选错了也没有关系，因为后面可以随时修改这些设置。其中"Device Family"表示目标器件的类型；"Device"表示目标器件的具体型号；"Package"表示器件的封装；"Speed Grade"表示器件的速度等级。我们采用的是器件为 10 万门的 Spantan II，芯片型号为 xc2s100，封装为 pq208，速度等级为 – 6 的 FPGA，因此我们这里依次选择为 Spantan II、xc2s100、pq208 和 – 6。"Design Flow"表示设计流程和综合工具，我们采用的是 ISE 内部集成的综合器 XST，所以此处选择 XST VHDL，"VHDL"表示我们的设计输入语言采用的是 VHDL，如果要用 Verilog 语言，则选择"XST Verilog"。单击"OK"后，ISE 将在 Project Navigator 下创建和显示新的工程项。

（4）工程导航器界面如图 3.94 所示，这里需要关注的是，界面左上角出现的小框为我们所有的源文件的管理窗口；在其下面的窗口为我们选择不同的源文件时其所有可能操作的显示窗口；右半部分窗口为我们设计输入代码的窗口；下面的窗口为编译等信息的显示窗口。我们可以在为工程输入不同设计文件后再选中各个不同的文件，看看进程窗口中的变化。这样，新建了一个工程，下一步就要在工程中输入一些设计文件来实现我们的设计。

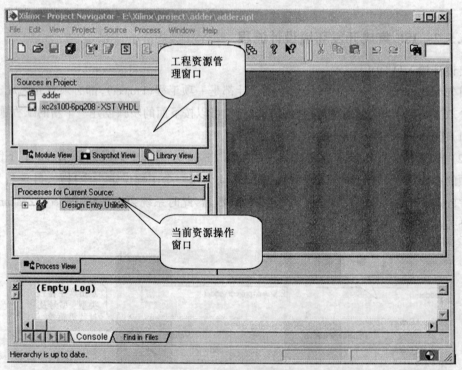

图 3.94　工程导航器界面

（5）选择 Project→New Source（或在"Sources in Project"窗口中单击鼠标右键选择"New Source..."，如图 3.95 所示），出现如图 3.96 所示的窗口，选择 VHDL Module（VHDL 模块）作为新建源文件的类型，在文件名中键入 cnt4。

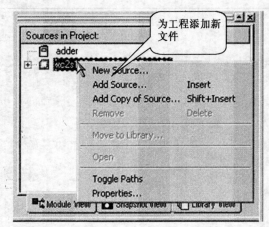

图 3.95　添加新建设计文件　　　　　　　图 3.96　新建 VHDL 设计文件

(6) 单击下一步→下一步→完成,完成这个新源程序的创建。新源程序文件模板"cnt4.vhd"将会显示在 HDL 编辑窗口中,它包括计数器的 Library、Use、Entity、Architecture 等语句的描述,如图 3.97 所示。

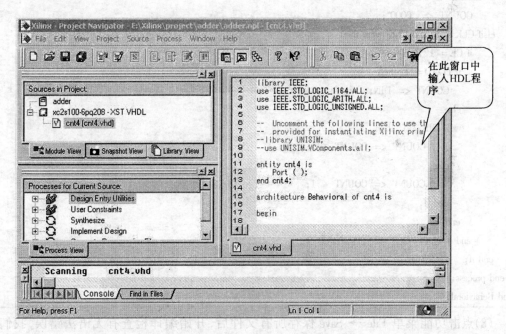

图 3.97　输入 VHDL 设计描述

(7) 根据设计要求,输入源文件如下:

```
library IEEE;
use IEEE.STD _ LOGIC _ 1164.ALL;
use IEEE.STD _ LOGIC _ ARITH.ALL;
use IEEE.STD _ LOGIC _ UNSIGNED.ALL;
entity cnt4 is
  port（
    CLK: in STD _ LOGIC;
    RESET: in STD _ LOGIC;
    CE, LOAD, DIR: in STD _ LOGIC;
    DIN: in STD _ LOGIC _ VECTOR(3 downto 0);
    COUNT: inout STD _ LOGIC _ VECTOR(3 downto 0)
      );
end cnt4;
architecture Behavioral of cnt4 is
begin
  process（CLK, RESET）
  begin
    if RESET = '1' then
        COUNT <= "0000";
    elsif CLK = '1' and CLK'event then
        if CE = '1' then
          if LOAD = '1' then
            COUNT <= DIN;
          else
            if DIR = '1' then
                COUNT <= COUNT + 1;
            else
                COUNT <= COUNT - 1;
            end if;
          end if;
        end if;
    end if;
  end process;
end Behavioral;
```

（8）点击功能菜单 File → Save 保存所有文件后，开始编译检查有无语法错误，我们在 "Sources in Project"窗口中选中"cnt4（cnt4.vhd）"，在"Processes for Current Source"窗口中双击 "Synthesize"（或点鼠标右键，选择"run"），如图 3.98 所示。如果有错误，根据错误信息改源程序，直到编译没有错误，继续往下进行设计。

2.仿真行为模型

为了验证该计数器是否已达到设计要求的功能和延时的需求，我们要创建一个 testbench 波形，用于定义计数器模块所定义的功能。这个 testbench 波形将被用于与 Modelsim 仿真器连接,用以仿真激励。

首先,在"Project Navigator"中创建一个 testbench 波形源文件,该文件将在 HDL Bencher 中进行修改。步骤如下:

(1)在工程项目窗口(Project Windows)的源文件中选中计数器(cnt4.vhd)。

(2)选择 Project → New Source(或在"Sources in Project"窗口中单击鼠标右键选择"New Source...")出现如图 3.99 所示的窗口。选择 Test Bench Waveform 作为新建源文件的类型,在文件名中键入 cnt4 _ tsb,点击"Next",再点击"Finish",此时 HDL Bench 程序自动启动并等候用户输入所需的时序需求。

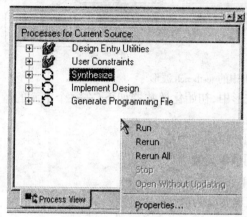
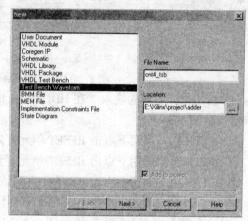

图 3.98   编译设计文件　　　　　　　　　图 3.99   新建测试激励文件

(3) 现在可以指定仿真所需的时间参数。时钟高电平时间和时钟低电平时间一起定义了设计操作必须达到的时钟周期,输入建立时间定义了输入在什么时候必须有效,输出有效延时定义了有效时钟沿到达后多久必须输入有效数据。

在本设计中,不需要改变任何默认的时间约束,如图 3.100 所示。默认的初始化时间设置如下:

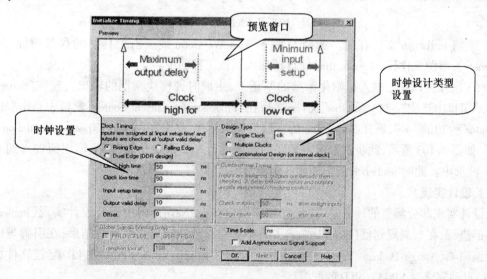

图 3.100   时钟设置窗

时钟高电平时间（Clock high time）——50 ns；

时钟低电平时间（Clock low time）——50 ns；

建立输入时间（Input setup time）——10 ns；

建立有效时间（Output valid delay）——10 ns。

点击"OK"，接受默认时间设置。testbench 波形图如图 3.101 所示。

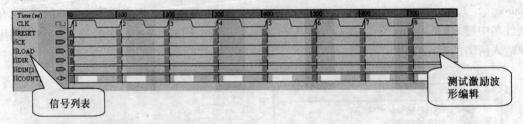

图 3.101　在 HDL Bench 中的 testbench 波形

（4）初始化计数器的输入。在 HDL Bench 波形中，初始化计数器如下（在每个单元的蓝色区域输入激励）：

①　在 CLK 第一周期下点击 RESET 单元直到该单元变为高；

②　在 CLK 第二周期下点击 RESET 单元直到该单元变为低；

③　在 CLK 第三周期下点击 CE 单元直到该单元变为高；

④　在 CLK 第二周期下点击 DIR 单元直到该单元变为高。

testbench 波形现在看起来应该如图 3.102 所示。

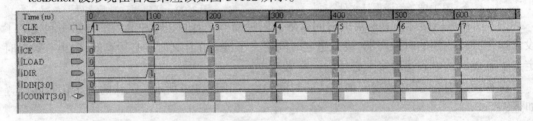

图 3.102　HDL Bench 激励及响应输入

（5）将 testbench 文件存盘。选择 File → Save Waveform 或点击工具栏的存盘图标，新的 testbench 波形源文件（cnt4_tsb.tbw）便自动加入到该工程项中。

（6）现在可以在已输入初始化激励的基础上，生成时钟模块预期的输出。先在"Source in Project"窗口中选中"cnt4_tsb.tbw"文件，然后在"Processes for Current Source"窗口中点击"Model Simulator"旁边的"+"，展开 Model Sim 仿真器的层次结构，双击"Generate Expected Simulation Results"，如图 3.103 所示，此步骤采用定义好的输入运行一个后台仿真，产生输出值加入到 testbench 波形中。此时 testbench 波形如图 3.104 所示。

3. 设计实现

设计实现部分涵盖的任务是：在工程导航器（Project Navigator）中运行设计实现（Implement Design）进程；在布局规划器（Floorplanner）工具中查看设计在布局布线后的结果；在引脚与区域约束编辑器（Assign Package Pins）中指定 I/O 管脚约束；用 Xilinx FPGA/CPLD 配置软件（iMPACT）自动完成对 FPGA/CPLD 的配置。

（1）运行所有与这个计数器设计相关联的进程（从综合到布局布线）。在 VHDL 文件上启

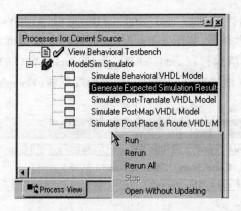

图 3.103　使用测试激励波形启动仿真

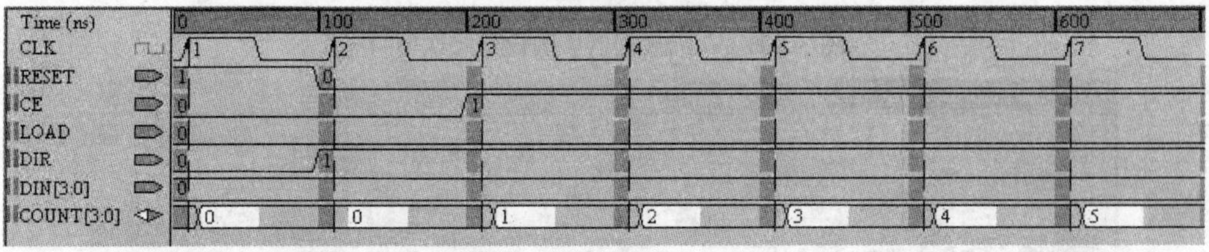

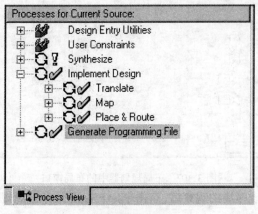

图 3.104　生成仿真结果

动设计实现(Implement Design)以完成操作,即在"Processes for Current Source"窗口中双击设计实现(Implement Design),就运行了所有相关的进程。

在"Process for Current Source"窗口中,打勾的标记指示进程已经成功运行,如图 3.105 所示,感叹号表示进程已经运行,但是含有系统给出的警告,有关警告的更多信息可以从副本(Transcript)窗口中获取。

```
Processes for Current Source:
  田  Design Entry Utilities
  田  User Constraints
  田  Synthesize
  ⊟  Implement Design
      田  Translate
      田  Map
      田  Place & Route
  田  Generate Programming File

      Process View
```

图 3.105　设计实现过程

(2) 在布局规划器(Floorplanner)中查看完成后的设计。在"Source in project"窗口中选择 cnt4.vhd,在"Process for Current Source"窗口中点击"Implement Design"左边的"＋",展开层次后,再点击"Place&Route"左边的"＋",然后双击"View/Edit Placed Design"(Floorplanner),布局规划器(Floorplanner)将自动运行并显示这个工程项中设计的布局情况。

通过显示和放大输入/输出信号,可以更有针对性地查看设计实现后的结果。在"cnt4.fnf

Design Hierarchy"窗口中选择最顶层 cnt4"cnt4"[13IOBs,6FGs,4CYs,4DEFs,1BUFG],在布局（Placement）窗口中显示这些信号,如图 3.106 所示;也可以选择在布局（Placement）窗口的设计区域画一个矩形框来显示信号;"在 cnt4.fnf Design Hierarchy"窗口的列表中单独选择一个信号,可以在布局窗口中独立地观察这个信号。在布局规划器（Floorplanner）中看见的布局情况如图 3.107 所示。

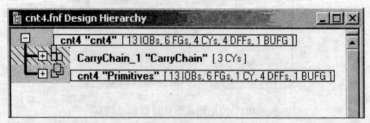

图 3.106　布局规划器中的设计层次窗口

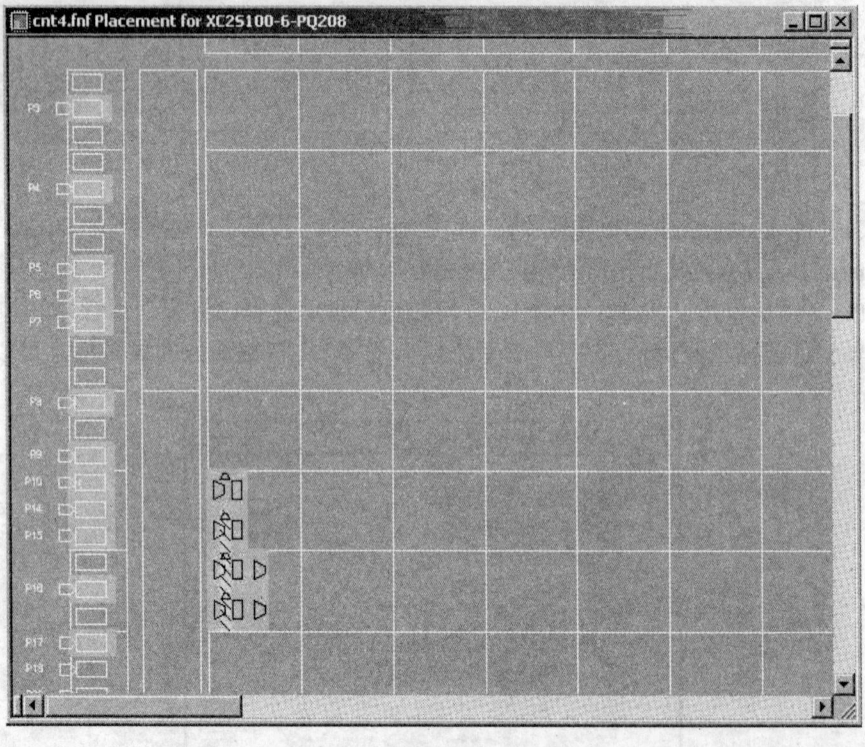

![cnt4.fnf Placement for XC2S100-6-PQ208 窗口截图]

图 3.107　布局规划器中的布局窗口

当完成了对设计实现布局的观察后,点击 File→Save,保存布局规划器的设计视图并退出布局规划器。

（3）为设计添加约束文件。约束文件的作用是把设计中的外部端口与目标板上具体的芯片引脚对应起来。点击 Project → New Source...,会出现一个新建源文件的窗口,如图 3.108所示,选择新建文件类型为"Implementation Constraints File",文件名为"myucf",在"Add to project"前打勾,表示将该文件添加到工程中,点击"下一步",选中与 cnt 关联,直接点击"下一步",这时候出现刚刚新建的文件的一些信息,点击完成。

（4）在"Sources in Project"窗口中选中"myucf.ucf",在"Processes for Current Source"窗口中点

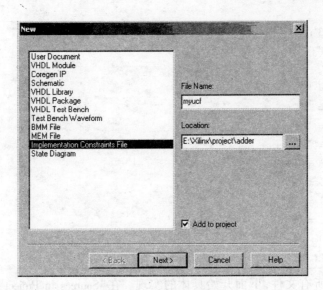

图 3.108　新建约束文件

击"User Constraints"前面的"+"以展开它,再双击下面的"Assign Package Pins",这时候会出现 PACE 设计工具,它可以简化管脚约束过程,并直观地进行 FPGA 内部位置约束,如图 3.109 所

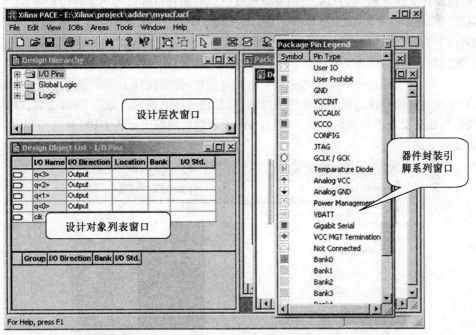

图 3.109　PACE 设计工具界面

示,可以由"Design Object List"窗口中指定当前设计的管脚约束和位置约束。同时也以文本方式来编译约束文件,此时在"Processes for Current Source"窗口中双击"Edit Constraints"(Text),在其中输入如下内容。

```
NET "reset" LOC = "P3";
NET "load" LOC = "P4";
NET "dir" LOC = "P5";
NET "din < 3 >" LOC = "P6";
NET "din < 2 >" LOC = "P7";
NET "din < 1 >" LOC = "P8";
NET "din < 0 >" LOC = "P9";
NET "count < 3 >" LOC = "P10";
NET "count < 2 >" LOC = "P14";
NET "count < 1 >" LOC = "P15";
NET "count < 0 >" LOC = "P16";
NET "clk" LOC = "P80";
NET "ce" LOC = "P17";
```

(5) 点击保存所有文件,下面开始具体的实现。在"Sources in Project"窗口中选中"cnt4 (cnt4.vhd)",在"Processes for Current Source"窗口中双击"Generate Programming File",运行完毕后会产生编程文件。

(6) 将设计文件下载到 FPGA,使用并口线或下载电缆将目标板与电脑并口相连,接上开发板的电源,在"Processes for Current Source"窗口中点击"Generate Programming File"前的"+"展开它,再双击下面的"Configure Device(iMPACT)",这时候会打开 iMPACT 的窗口,并出现对话框提示我们配置器件,直接点击"下一步",出现选择边界扫描模式,直接按照缺省模式点击完成,这时候如果正常,将出现边界扫描模式总结信息的对话框,提示找到了两个器件,点击"确定"。

(7) 出现为目标器件选择下载文件的对话框,如图 3.110 所示。双击"cnt4.bit",以其作为下载文件。如果没有出现该对话框,可以在 FPGA 器件的图标上点击右键,并选择"Assign New Configuration File。"

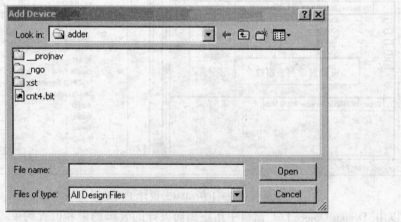

图 3.110　选择下载文件

(8) 在 FPGA 器件的图标上点击右键,并选择"Program",这时候会出现编程选项设置的窗口,直接点击"OK",系统开始自动下载设计文件到 FPGA 中,如果编程正确,则出现"Programming Succeeded"提示,如图 3.111 所示,下载成功。

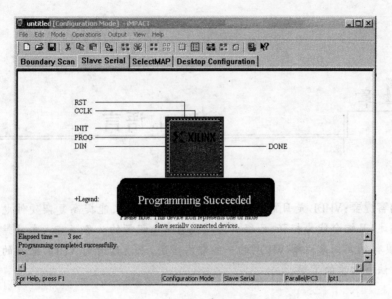

图 3.111　下载成功

第4章

VHDL 语言

　　内容提要：VHDL 是目前硬件描述语言的国际标准，能提高复杂硬件电路的高层次描述，且综合能力极强，已经成为现代电子工程师的必备语言。本章结合一些简单、具体的实例来讲解 VHDL 的一些常用语法，以使读者对 VHDL 电路的设计思路和方法有初步的了解。

4.1　VHDL 结构

　　1983 年，美国国防部为超高速集成电路计划（VHSIC，Very High Speed Integrated Circuit）的顺利实施提出了硬件描述语言（VHDL，VHSIC Hardware Description Language），即超高速集成电路硬件描述语言，用于描述数字电路，其原型是 ADA 语言。

　　VHDL 出现以来得到了快速发展，全世界有成千上万的工程师应用 VHDL 设计出了尖端的电子产品。由于半导体工艺的快速发展，VHDL 所能提供的高阶电路的行为描述能力，让复杂的电路可以通过 VHDL，轻易、快速地达到设计的规格。由于 VHDL 电路描述语言所能涵盖的范围相当广泛且不断拓宽，故能满足设计工程师的各种需求。从 ASIC 的设计到 PCB 系统的设计，VHDL 都能派上用场，所以 VHDL 毫无疑问地成为硬件设计工程师的必备工具。VHDL 目前仍然无法应用于模拟电路，但研究人员已经着手研究开发 VHDL 在模拟电路的应用标准，相信在不久的将来，必能取得丰硕的成果，届时 VHDL 就可以用于模拟/数字电路的开发与设计。

　　1986 年，VHDL 被提升为 IEEE 标准，之后经历了多次修订、改进，在 1987 年成为 IEEE 1076〔LRM87〕标准，目前最新的 VHDL 标准是 IEEE 1076—1993〔LRM93〕。

　　我们来看几个例子，以对 VHDL 代码的结构有一个整体的了解。

4.1.1　组合电路：二选一选择器

1. VHDL 程序的基本结构形式

　　说明：例 4.1 代码是一个基本的 VHDL 程序，但也是我们最经常遇到的结构形式。

　　（1）声明库和引用库。例 4.1 中 1 标明的部分是声明库（LIBRARY xxxx）和引用库（USE xxxx.xxx）。库和程序包用来描述和保留元件、类型说明函数、子程序等。由于 VHDL 有国际标准，我们在程序中使用了标准逻辑类型 STD_LOGIC，而它包含在 IEEE 库的 STD_LOGIC_1164 程序包中，所以我们必须声明使用该程序包，即 USE IEEE.STD_LOGIC_1164.ALL。这样当我们编译和综合该程序的时候，编译综合软件就知道在哪里可以找到该数据类型的定义了。

```
--例 4.1  二选一选择器
LIBRARY IEEE                    -------------------- 1
USE IEEE.STD_LOGIC_1164.ALL;
ENTITY mux21 IS                 -------------------- 2
  PORT(a, b : IN   STD_LOGIC;
          s : IN   STD_LOGIC;
          y : OUT STD_LOGIC  );
END ENTITY mux21;
ARCHITECTURE fxn_body OF mux21 IS  -------------------- 3
  BEGIN
  y <=  a    WHEN   s = '0'  ELSE
        b;
        END ARCHITECTURE fxn_body;
```

(2) 实体说明部分。例 4.1 中 2 标明的是程序的实体说明部分,它表明了电路器件的外部情况及各信号端口的基本性质,其实际意义即器件。它可以用如图 4.1 所示的实体图形来表示。该部分由 ENTITY 引导,以 END ENTITY mux21 结束。

(3) 结构体说明部分。例 4.1 中 3 标明的是程序的结构体部分,它表明了电路器件内部的逻辑结构和功能描述,其实际意义即芯片的内部结构,如图 4.2 所示。该部分由 ARCHITEC-TURE 引导,以 END ARCHITECTURE fxn _ body 结束。

图 4.1　mux21 实体　　　　　　　　图 4.2　mux21 结构体

VHDL 是一个完整的、可综合的程序结构,必须完整地表达一个 ASIC 器件,如 CPU 的端口结构和电路功能,所以必须包含实体和结构体这两个最基本的语言结构。

(4) 描述语句。VHDL 结构体中用于描述器件逻辑功能和结构的语句分为顺序语句和并行语句两种。顺序语句的执行方式和普通的软件语言类似,即按照语句书写的先后顺序执行;而结构体中的并行语句,无论多少行,都是同时执行的,和语句的先后顺序没有关系。

例 4.1 中的逻辑描述是用 WHEN – ELSE 结构的并行语句完成的,它的含义是:当满足 s = '0',即 s 为低电平时,输入端 a 的信号传送至 y;否则(s 为高电平时),输入端 b 的信号传送至 y。

我们看一下另外的几种描述:

```
--例 4.2
ENTITY mux21 IS
  PORT(a, b : IN   BIT;
          s : IN   BIT;
          y : OUT BIT  );
END ENTITY mux21;
ARCHITECTURE fxn_body OF mux21 IS
  BEGIN
  y <=  a    WHEN   s = '0'  ELSE
          b  ;
END ARCHITECTURE fxn_body ;
```

```
--例 4.3
ENTITY mux21 IS
  PORT(a, b : IN    BIT;
          s : IN    BIT;
          y : OUT BIT  );
END ENTITY mux21;
ARCHITECTURE fxn_body OF mux21 IS
  SIGNAL d , e : BIT;
  BEGIN
  d <= a AND (NOT S);
  e <= b AND s ;
  y <= d OR e  ;
END ARCHITECTURE fxn_body ;
```

```
--例 4.4
ENTITY mux21 IS
  PORT(a, b : IN    BIT;
            s : IN    BIT;
            y : OUT BIT  );
END ENTITY mux21;
ARCHITECTURE fxn_body OF mux21 IS
  BEGIN
  PROCESS (a,b,s)
  BEGIN
      IF s = '0'  THEN
          y <= a ; ELSE  y <= b ;
      END IF;
END PROCESS;
END ARCHTECTURE fxn_body ;
```

```
--例 4.5
ENTITY mux21 IS
  PORT(a, b : IN    BIT;
            s : IN    BIT;
            y : OUT BIT  );
END ENTITY mux21;
ARCHITECTURE fxn_body OF mux21 IS
  BEGIN
  y <= (a AND (NOT s))OR (b AND s) ;
END ARCHTECTURE fxn_body ;
```

经过综合仿真我们发现,它们描述的逻辑行为与例 4.1 相同。例 4.3 与例 4.5 都为并行语句,例 4.4 则应用了 IF – THEN – ELSE 顺序执行语句,注意该语句在进程语句(PROCESS)中。例子中的 AND、OR、NOT 是逻辑与、或、非的意思。

例 4.1 中的数据类型和例 4.2 ~ 例 4.5 中的数据类型不同,且例 4.2 ~ 例 4.5 中并没有显式声明 LIBRARY。其实,这 4 个例子中使用的数据类型 BIT 在 STD 库中,而该库在所有的综合仿真软件中都是默认打开的,所以不需要显式声明。

(5) 注释部分。双划线--后边的部分是注释部分,编译和综合的时候会被忽略掉,但可以使程序更加易读和清晰。二选一选择器的仿真结果如图 4.3 所示。

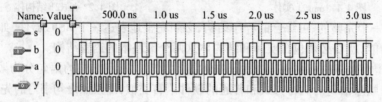

图 4.3　二选一选择器的仿真结果

2. VHDL 程序中的语法现象

下面解释例 4.1 ~ 例 4.5 5 个例子中出现的语法现象。

(1)实体。如前所述,实体表示的是端口构成和信号属性,定义了实体与外部环境的使用接口。它的简化表达形式是:

```
ENTITY  <实体名 > IS    --IEEE93
    PORT(〔SIGNAL〕<信号名 > :〔<输入/输出模式 > 〕 <数据类型指定 > ;
    〔SIGNAL〕<信号名 > :〔<输入/输出模式 > 〕 <数据类型指定 > ;
    ……
    〔SIGNAL〕<信号名 > :〔<输入/输出模式 > 〕 <数据类型指定 >
        );
END ENTITY  <实体名 > ;
```

```
ENTITY <实体名> IS    --IEEE87
   PORT([SIGNAL]<信号名> : [<输入/输出模式>] <数据类型指定>;
   [SIGNAL]<信号名> : [<输入/输出模式>] <数据类型指定>;
   ......
   [SIGNAL]<信号名> : [<输入/输出模式>] <数据类型指定>
      );
END <实体名>;
```

以上是 IEEE93/87 的不同表达形式,ENTITY、IS、PORT、END ENTITY 是关键字,书写时必须包含。

【注意】VHDL 语言程序的书写不区分大小写,[ ]中的部分可以省略。

实体名由设计者自己决定。但是,一般设计的电路都有特殊的功能意义,所以为了程序的易读性,我们一般取比较有意义的名字。如 10 位的二进制计数器,一般取名为 counter10b;8 位二进制加法器,一般取名为 adder8b。但应注意,不应用中文或者数字开头的名字,如 74LS138;也不能和 EDA 工具库中定义好的元件名重名,如 or2、latch。

端口名也由设计者自己决定,并加在除最后一个端口外的其他端口的声明的结尾,例如我们上面例子中的 a、b、s、y。端口的输入/输出模式是指端口上数据的流动方向和方式,有 4 种类型:IN、OUT、INOUT、BUFFER。端口的输入/输出模式可以省略,默认的端口模式是 IN。

IN:定义的通道是输入端口,并规定为单向只读模式,可以通过此端口将变量(Variable)信息或信号(Signal)信息读入设计实体内。

OUT:定义的通道是输出端口,并规定为单向输出模式,可以通过此端口将实体内的信号输出设计实体,或者说可以将设计实体中的信号向此端口赋值。

INOUT:定义的通道是输入输出双向端口,即从端口的内部看,可以对此端口赋值,也可以从此端口读入外部的信息;从端口的外部看,信号既可以从此端口输入,也可以从此端口输出。实际的电路中,INOUT 相当于双向端口,如 RAM 的数据端口,单片机的 I/O 口。此模式的端口一般由输出端口加三态输出缓冲器和输入缓冲器构成。

BUFFER:定义的通道和 INOUT 类似,但它只能接收一个驱动源。即当需要输入数据时,只允许内部回读输出信号。如计数器设计时,可将计数器输出的计数信号回读,以作为下一计数器的初值。注意,回读信号不是外部产生的,而是由内部产生的向外输出的信号。

4 种端口类型的示意图如图 4.4 所示。

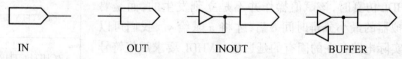

IN　　　　　　OUT　　　　　　INOUT　　　　　　BUFFER

图 4.4　端口模式示意图

我们看到,在上面的例子中,a、b、s 和 y 的信号定义为 BIT 和 STD_LOGIC。VHDL 是一种强类型语言,任何一种数据对象(信号、变量或常量)必须严格限定其取值范围,即对其输出或存储的数据类型进行明确的界定,这对于大规模电路 VHDL 描述的排错是十分有利的。在 VHDL 中,预定义的数据类型有很多,如整数类型(INTEGER)、布尔类型(BOOL),标准逻辑位类型(STD_LOGIC)、位类型(BIT)等。

对于数字系统来说,STD_LOGIC 类型比 BIT 类型包含的内容丰富和完整得多。以下是在程序包中对两种类型的定义：

```
TYPE BIT IS ('0','1');
TYPE STD _ LOGIC IS ('U','X','0','1','Z','W','L','H',' – ');
--'U':未初始化;'X':强未知;'0':强逻辑 0;'1':强逻辑 1;'Z':高阻态;
--'W':弱未知;'L':弱逻辑 0;'H':弱逻辑 1;' – ':忽略
```

其中 TYPE 是数据类型定义语句。STD _ LOGIC 更全面地概括了数据系统中所有可能的数据的表现形式,使电路有更宽广的适用性。在仿真和综合中,把数据定义为 STD _ LOGIC 可以使设计者准确地模拟电路中某些未知和高阻的线路状况。对于综合器,高阻态'Z'和忽略态' – '(有的用'X')可以用于三态的描述。STD _ LOGIC 在数字电路中实现的只有 4 种:'X'(或' – ')、'0'、'1'和'Z',其他类型不可以综合。

(2) 结构体(ARCHITECTURE)表达。一般的表达形式如下:

ARCHITECTURE ＜结构体名＞ OF ＜实体名＞ IS	ARCHITECTURE ＜结构体名＞ OF ＜实体名＞ IS
［结构体说明部分］	［结构体说明部分］
BEGIN	BEGIN
＜结构体语句部分＞	＜结构体语句部分＞
END ARCHITECTURE ＜结构体名＞; --IEEE93	END ARCHITECTURE ＜结构体名＞; --IEEE87

ARCHITECTURE、OF、IS、BEGIN 和 END ARCHITECTURE 都是描述结构体的关键字,在描述中必须包含它们。

结构体说明部分包括在结构体中需要说明和定义的数据对象、数据类型、元件调用声明等。但此部分并不是必须的。

结构体语句部分是在一个设计实体中必须存在的,因为必须在结构体中给出相应的功能描述语句,这些语句可以是并行的,也可以是顺序的,或者是它们的混合。

综上所述,一个完整的、可以综合的 VHDL 语句具有比较固定的结构:一般首先出现的是各类库及其程序包的使用声明,包括没有显示表达的工作库——WORK 库的使用声明;然后是实体描述;最后是结构体描述,在结构体中可以含有不同的逻辑表达语句结构。我们称这样一个具有较完整结构的 VHDL 程序为设计实体。VHDL 语句基本结构如图 4.5 所示。

(3) 信号传输(赋值)符号。例 4.1 中,表达式 y <= a 表示信号 a 向信号 y 赋值,物理含义是输入端口 a 的数据向输出端口 y 传输。在 VHDL 仿真时,该赋值操作并不是立刻发生的,而是要经历一个模拟器的最小分辨时间 δ 后,才将 a 赋给 y。我们可以把 δ 看做是实际电路存在的固有的延迟量。VHDL 要求赋值符号两边的信号的数据类型必须一致。

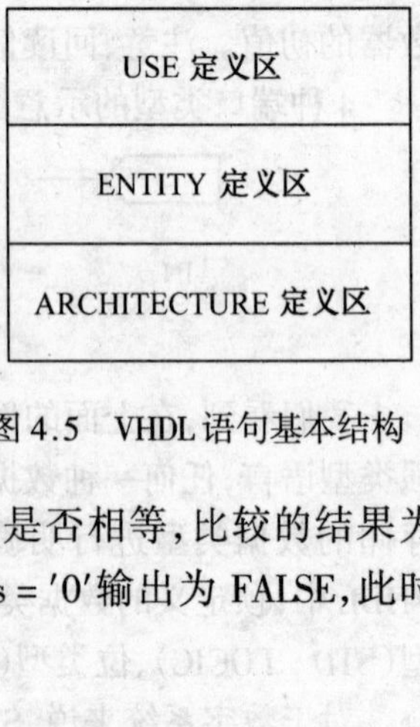

USE 定义区
ENTITY 定义区
ARCHITECTURE 定义区

图 4.5　VHDL 语句基本结构

(4) 数据比较符号。例 4.1 中,条件判断语句 WHEN – ELSE 通过判断表达式 s = '0'的比较结果,以确定把哪个端口向 y 赋值。注意,这里的 = 并不是表示赋值操作,而是表示符号两端的表达式是否相等,比较的结果为 BOOLEAN 类型,取值分别为 TRUE 和 FALSE。即当 s 为高电平时,s = '0'输出为 FALSE,此时 y <= b;s 为低电平时,表达式返回 TRUE,此时 y <= a。

注意,布尔数据不是数值,只能用于逻辑判断操作或条件判断。

(5) 逻辑操作符 AND、OR、NOT。例 4.3 中出现的关键字 AND、OR、NOT 是逻辑操作符。VHDL 共有 7 种逻辑操作符,它们是 AND(与)、OR(或)、NOT(非)、NAND(与非)、NOR(或非)、XOR(异或)、XNOR(同或)。信号在这些操作符的作用下,可以形成组合电路。逻辑操作符的操作数的数据类型有 3 种,即 BIT、BOOLEAN 和 STD _ LOGIC。

(6) IF – THEN 条件语句。例 4.4 中,利用 IF – THEN – ELSE 表达的 VHDL 顺序语句的方式,描述了同一多路选择器的电路行为。该例中的结构体中的 IF 语句的执行的顺序类似于一般的计算机软件语言,首先判断 s 是否为低电平,是则执行 y <= a;否则(s 为高电平),执行语句 y <= b。IF 语句必须以 END IF;结束。

由例 4.4 可见,VHDL 的顺序语句同样可以描述并行运行的组合电路。

(7) WHEN – ELSE 条件信号赋值语句。在例 4.1 中出现的 WHEN – ELSE 条件信号赋值语句,是一种并行赋值语句,其表达形式为:

```
赋值目标 A  <=  表达式 1 WHEN 赋值条件 1 ELSE
          表达式 2 WHEN 赋值条件 2 ELSE
          ……
          表达式 n;      --WHEN – ELSE 使用
```

在结构体中,WHEN – ELSE 条件信号赋值语句的功能与在进程中的 IF 语句相同,在执行该语句时,每一个赋值条件是按书写的先后顺序判定的。

① 赋值条件,是指一般的布尔表达式,即赋值条件的结果是 TRUE 或 FALSE 的一种。

② 语法的赋值条件 1 为 TRUE 时,则将表达式 1 传递给赋值目标 A,否则再确认表达式 2 为 TRUE 时,将表达式 2 传递给赋值目标 A,依此类推,最后若前边的条件都不成立时,将表达式 n 传递给赋值目标 A。

WHEN – ELSE 命令的应用范围非常广泛,如译码器、多选一选择器、反多选一选择器的 VHDL 语句的编写。

【注意】由于条件测试的顺序性,条件信号赋值语句中的第一子句具有最高赋值优先级,第二句其次,依此类推。例如,在下面这个程序中,如果 p1 和 p2 同时为'1'时,z 获得的赋值是 a 而不是 b。

```
z <=  a when p1  =  '1' else
      b when p2  =  '1' else
      c;
```

(8) PROCESS 进程语句。例 4.4 中,由 PROCESS 引导的语句称为进程语句,在 VHDL 中,所有合法的顺序语句都必须放在进程语句中。例如,例 4.4 中的顺序语句 IF – THEN – ELSE – END IF 就是放在由 PROCESS – END PROCESS 引导的语句中。

PROCESS 旁的(a,b,s)为进程的敏感信号表,通常要求进程中的所有信号均放在敏感信号表中。PROCESS 语句的执行依赖于敏感信号的变化,当某一敏感信号(如 a)从原来的的'1'跳变到'0',或从原来的'0'跳变到'1'时,都将启动进程,而在执行一遍整个进程的顺序语句后,便进入等待状态,直到下一次敏感信号表中某一个信号跳变才再次启动。

在一个结构体中可以包含任意多个进程语句,所有的进程语句都是并行语句,而由任一进程 PROCESS 引导的语句结构属于顺序语句。

(9)文件取名和存盘。在保存文件前,每个 VHDL 设计程序(代码)都必须赋给一个正确的文件名。一般文件名可以由设计者任意给定,但具体取名最好与文件实体名相同;文件后缀扩展名必须为.vhd,如 adder_f.vhd。但考虑到某些 EDA 软件的限制和 VHDL 程序的特点,在元件(例如语句中的被调用文件)调用中,其元件名与文件名是等同的。因此,程序的文件名应该与该程序的实体名相同,如例 4.1 的文件名应是 mux21.vhd。文件名不分大小写。

4.1.2 D 触发器的设计

D 触发器是现代数字系统设计中最基本的时序单元和底层元件,所以它是最简单但最具有代表性的时序电路。D 触发器的 VHDL描述包含了 VHDL 对时序电路的最基本和最典型的表达方法,同时也包含了 VHDL 许多特殊的语言现象。图 4.6 所示为 D 触发器框图。

图 4.6 D 触发器

```
--例 4.6 D 触发器的 VHDL 描述
LIBRARY IEEE ;
USE IEEE.STD_LOGIC_1164.ALL ;
ENTITY DFF1 IS
  PORT (CLK : IN STD_LOGIC ;
            D : IN STD_LOGIC ;
            Q : OUT STD_LOGIC );
END ;
ARCHITECTURE bhv OF DFF1 IS
  SIGNAL Q1 : STD_LOGIC ; --类似于在芯片内部定义一个数据的暂存节点
BEGIN
  PROCESS (CLK)
  BEGIN
    IF CLK'EVENT AND CLK = '1'
        THEN Q1 <= D ;
    END IF;
        Q <= Q1 ; --将内部的暂存数据向端口输出
END PROCESS ;
END bhv;
```

例 4.6 与例 4.1 相比,定义了一个内部节点信号 SIGNAL,使用了一种新的条件判断表达式。除此之外,例 4.1 的组合电路和例 4.6 的逻辑电路在结构和语言的应用上没有明显的差异,这充分表现了 VHDL 电路描述与设计平台和硬件实现对象的无关性的优点。

下面对例 4.6 中出现的一些语言现象进行进一步的阐述。

1.SIGNAL 信号的定义和数据对象

例 4.6 中 SIGNAL Q1 : STD_LOGIC 表示在 DFF1 内部定义了一个标识符 Q1,其数据对象为信号,数据类型为 STD_LOGIC。由于 Q1 被定义为器件的内部节点信号,所以数据流向没有像端口那样的限制,故不必定义其端口模式(如 IN、OUT 等)。定义 Q1 的目的是为了设计更大的电路时使用由此引入的时序电路信号。

对于例 4.6 这种简单的情形,不用内部信号(例 4.7)也可以综合出同样的效果。

```
--例 4.7
ARCHITECTURE bhv OF DFF1 IS
BEGIN
  PROCESS（CLK）
  BEGIN
    IF CLK′EVENT AND CLK = ′1′
      THEN Q <= D ;
    END IF;
  END PROCESS;
END bhv;
```

SIGNAL Q1 : STD_LOGIC 中的 SIGNAL 是定义某标识符为信号的关键词。在 VHDL 中,数据对象分三类:信号(SIGNAL)、变量(VARIABLE)和常量(CONSTANT)。被定义的标识符必须确定为某类数据对象,同时还必须有一定的数据类型,前者限定了 Q1 的功能和行为,后者则规定了它的取值范围。根据 VHDL 的规定,Q1 作为信号可以如同一根连线一样在整个结构体内部传递信息,也可以根据程序的功能构成一个时序元件,但 Q1 传递或存储的类型只能限定在 STD_LOGIC 的定义中。SIGNAL Q1 : STD_LOGIC 只是规定了它的属性,其具体的功能需在结构体的语句中具体确定。

2.上升沿检测表示和信号属性函数

例 4.6 中的语句 IF CLK′EVENT AND CLK = ′1′用来检测时钟的上升沿,当上升沿到来的时候,该表达式为 TRUE。

该句中 EVENT 为信号的属性,VHDL 用信号′EVENT 来测定某信号的跳变边沿。

CLK′EVENT 表示对 CLK 标识的信号在当前的一个极小的时间 δ 内发生的事件的检测。所谓发生事件,是 CLK 的电平发生变化,从一种电平跳变到另一种电平。如果 CLK 的数据类型为 STD_LOGIC,则在时间 δ 内,CLK 的值从允许的 9 个值中的任何一个跳变到另外的一种状态,均认为发生了事件,此时表达式为 TRUE,否则为 FALSE。

CLK′EVENT AND CLK = ′1′表示如果在时间 δ 内 CLK 有跳变发生,而在时间 δ 之后测得 CLK 的电平为高电平′1′,此时就满足 CLK = ′1′的条件,两者相与结果为 TRUE。因此,以上表达式就可以用来检测上升沿。

严格来说,如果 CLK 的数据类型为 STD_LOGIC,则它可能的取值有 9 种,CLK′EVENT 为真的条件是 CLK 的 9 种状态中的任何两种发生跳变。因而当 CLK′EVENT AND CLK = ′1′为真时,并不能确定 CLK 在时间 δ 之前为′0′,从而不能断定此次跳变为上升沿。可以采用如下的形式进行判断:

```
CLK′EVENT AND CLK = ′1′ AND（CLK′LAST_VALUE = ′0′）
```

LAST_VALUE 和 EVENT 一样,都是预定义的信号属性,它表示最近一次信号发生前的值。CLK′LAST_VALUE = '0'为 TRUE 时,表示 CLK 在时间 δ 之前为′0′。

3.不完整条件语句和时序电路

现在我们来分析一下例 4.6 中 D 触发器的功能描述。

当 CLK 发生变化时,PROCESS 被启动,IF 语句判定条件表达式 CLK′EVENT AND CLK = ′1′

是否成立。如果成立(即上升沿到来),则执行语句 Q1 <= D,即将数据 D 的内部信号 Q1 赋值,并结束 IF 语句。最后将 Q1 的值向端口 Q 输出,即执行 Q <= Q1。

如果 CLK 没有发生变化或没有出现上升沿跳变,则 IF 语句条件不满足,此时跳过语句 Q1 <= D 执行结束 IF 语句。在此,IF 语句没有利用 ELSE 给出的当不满足 IF 条件时的操作,显然这是一种不完整条件语句(即在条件语句中,没有对所有可能发生的条件给出相应的处理方案)。对于这种语言现象,VHDL 综合器理解为不满足条件时,不能执行语句 Q1 <= D,即应保持 Q1 的值不变。从电路的角度,这意味着需要引入时序元件来保存 Q1 原来的值,直到 IF 条件句的条件满足时才更新 Q1。

利用这种不完整的电路描述引入寄存器元件来构成时序电路,是 VHDL 描述时序电路的一种重要的途径。通常,完整的条件语句只能构成组合逻辑电路。如例 4.4 中列出了 s 为'0'和'1'的所有可能取值,所以产生了多路选择器模块。

需要注意的是,虽然在构成时序电路方面,不完整语句有其独到的作用,但是在利用条件语句进行纯组合电路设计时,如果没有充分考虑到电路中的所有可能出现的情况,即没有列全条件及其对应的处理方法,将导致出现一个不完整的条件语句,从而产生了设计者不希望的组合、时序电路的混合体。

为了说明上面的问题,我们看一下例 4.8 和例 4.9 的综合效果。例 4.8 的原意是设计一个纯组合电路,但是在条件语句中漏掉了当 a1 = b1 时电路的操作,所以导致了一个不完整描述。VHDL 综合器对它的解释为:当 a1 = b1 时,对 q1 不进行赋值操作,即在此情况下保持 q1 原来的值,这就意味着必须为 q1 配置一个寄存器,以保存其原来的值。如图 4.7 所示。

```
--例4.8
ENTITY COMP_BAD IS
  PORT(a1 : IN BIT;
       b1 : IN BIT;
       q1 : OUT BIT);
END;
ARCHITECTURE bhv OF COMP_BAD IS
BEGIN
  PROCESS(a1,b1)
  BEGIN
    IF a1>b1 THEN q1<='1';
    ELSIF a1<b1 THEN q1<='0';
    END IF;
  END PROCESS;
END bhv;
```

```
--例4.9
ENTITY COMP_GOOD IS
  PORT(a1 : IN BIT;
       b1 : IN BIT;
       q1 : OUT BIT);
END;
ARCHITECTURE bhv OF COMP_GOOD IS
BEGIN
  PROCESS(a1,b1)
  BEGIN
    IF a1>b1 THEN q1<='1';
    ELSE    q1<='0'
    END IF;
  END PROCESS;
END bhv;
```

例 4.9 是对例 4.8 的改进,其中的 ELSE q1 <= '0'语句交代了 a1 ≤ b1 时电路的赋值行为,所以产生了如图 4.8 所示的简洁的组合电路。

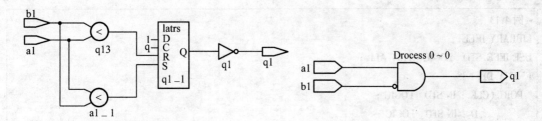

图 4.7　例 4.8 的 RTL 描述　　　　　　　图 4.8　例 4.9 的 RTL 描述

通常仿真时,对这类电路的测试,很难发现在电路中已经插上了一个不必要的时序元件,这样既浪费了逻辑资源,又降低了电路的工作速度,影响了电路的可靠性。因此,设计者应尽量避免此类电路的出现。

4.用 VHDL 实现时序电路时不同的表达形式

对于例 4.6 所示的逻辑电路,我们还可以有如下的 VHDL 实现方法:

```
--例 4.10
……
PROCESS (CLK)
BEGIN
  IF CLK'EVENT AND CLK = '1' AND (CLK'LAST _ VALUE = 0) THEN
    Q <= D ;                   --确保是一次上升沿的跳变
  END IF;
END PROCESS ;
```

```
--例 4.11
……
PROCESS
BEGIN
  WAIT UNTILL CLK = '1'         --利用 wait 语句
  Q <= D;
END PROCESS;
```

```
--例 4.12
……
PROCESS (CLK)
BEGIN
  IF CLK = '1' THEN
  Q1 <= D;                      --利用进程的启动特性产生对 CLK 的边沿检测
  END IF;
END PROCESS
```

```
--例 4.13
LIBRARY IEEE;
USE IEEE.STD_LOGIC_1164.ALL ;
ENTITY DFF1 IS
  PORT (CLK : IN STD_LOGIC ;
           D : IN STD_LOGIC ;
           Q : OUT STD_LOGIC );
  END ;
ARCHITECTURE bhv OF DFF1 IS
BEGIN
  PROCESS (CLK)
  BEGIN
    IF rising_edge(CLK)        --CLK 的数据类型必须为 STD_LOGIC
    THEN Q <= D;
    END IF;
  END PROCESS ;
END bhv;
```

```
--例 4.14
……
PROCESS (CLK,D)                --电平触发式寄存器
BEGIN
  IF CLK = '1' THEN
    Q <= D;
  END IF;
END PROCESS ;
```

例 4.11 中利用了一条 WAIT - UNTIL 语句,来实现时序电路的设计。它的含义是:当 CLK 当前值不是'1'时,就等待并保持 Q 值不变;直到 CLK 为'1'时,才对 Q 进行更新。VHDL 语言要求,当进程中使用 WAIT 语句的时候,就可以不用列出敏感信号。

例 4.12 中的边沿检测是采用 PROCESS 语句和 IF 语句结合而实现的。当 CLK 为'0'时,进程一直处于等待状态,直到发生一次'0'到'1'的跳变,才启动了进程,又满足了 IF 条件语句的条件,对 Q 进行赋值更新,而此前 Q 一直保持原值不变,直到下一次上升沿的到来。

例 4.13 中利用了 rising_edge( )这个预定义的函数来检测上升沿,在 IEEE 库中的标准程序包 STD_LOGIC_1164 只能用于 STD_LOGIC 信号的检测。

因此例 4.10 ~ 例 4.13 都是 D 触发器的描述,它们的仿真结果如图 4.9 所示。

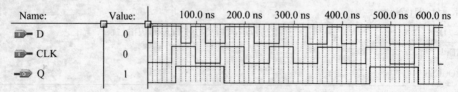

图 4.9　边沿触发 D 触发器仿真结果

　　与例 4.12 相比,例 4.14 仅在敏感列表中增加了信号 D,但综合后的电路功能却发生了很大的变化。图 4.10 所示为一个电平触发式锁存器,它的原理如下:当 CLK 为 ′1′ 且保持不变时,输入数据 D 的任何变化都会启动进程 PROCESS,从而实现了信号 Q 的更新;当 CLK 为 ′0′ 时,由于不满足 IF 条件,Q 保持原来的值不变。

　　【注意】有的综合器要求进程中的所有信号都必须列入敏感信号列表中,这时例 4.12、例 4.14 的综合结果相同。由于其结果的未定性,我们不推荐用例 4.12、例 4.14 来生成时序逻辑电路。

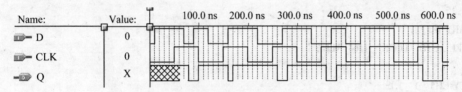

图 4.10　电平触发 D 触发器仿真结果

　　由上面的例子我们可以看到,时序电路只能利用进程中的顺序语句来建立。此外,考虑到多数综合器并不理会边沿检测语句中的 STD _ LOGIC 数据类型,因此最常用和通用的边沿检测式仍然是 CLK′EVENT AND CLK ＝ ′1′。

4.2　译码器与编码器

　　译码器和编码器的功能类似,都是用做码与码之间的转换器,只是功能恰好相反。译码器是根据输入的数码解出其相应的数码,例如,BCD 至 7 段显示译码器执行的动作就是把一个 4 位的 BCD 码转换成 7 位显示码的输出,以便在 7 段显示器上显示出这个十进制数。如果有 N 个二进制选择线,则最多可译码转换成 2^N 个数据。当一个译码器有 N 条输入线和 2^N 条输出线时,称为 $N \times 2^N$ 译码器,如 3 × 8 译码器(三 – 八译码器)。

　　译码器也经常应用于地址总线和电路的控制线。如只读存储器(ROM)中就利用译码器进行地址译码工作。

4.2.1　译码器的设计

　　表 4.1 所示为常见的三 – 八译码器的真值表,它有 3 条输入线和 8 条输出线。另外为了方便译码器的控制或便于将来扩充之用,在设计时常常会增加一个 EN 输入脚,这种做法在市面上的标准 IC 上常常见到。译码器的外部配置如图 4.11 所示。

表 4.1　三 – 八译码器的真值表

A0	A1	A2	Y0	Y1	Y2	Y3	Y4	Y5	Y6	Y7
0	0	0	1	0	0	0	0	0	0	0
0	0	1	0	1	0	0	0	0	0	0
0	1	0	0	0	1	0	0	0	0	0
0	1	1	0	0	0	1	0	0	0	0
1	0	0	0	0	0	0	1	0	0	0
1	0	1	0	0	0	0	0	1	0	0
1	1	0	0	0	0	0	0	0	1	0
1	1	1	0	0	0	0	0	0	0	1

有了真值表,就可以直接用查表法来进行设计。在 VHDL 的语法中,WITH – SELECT、CASE – WHEN 和 WHEN – ELSE 这类指令均可进行查表操作,但是我们应先区分一下它们是顺序语句还是并行语句,否则程序在进行编译时会发生错误。其中,WITH – SELECT 和 WHEN – ELSE 为并行执行语句,而 CASE – WHEN 为顺序执行语句,只能出现在进程或子程序中。

图 4.11 三 – 八译码器框图

```
--例 4.15
LIBRARY IEEE ;
USE IEEE. STD _ LOGIC _ 1164. ALL ;

ENTITY CH5 _ 1 _ 1 IS
    PORT (A: IN STD _ LOGIC _ VECTOR( 2 DOWNTO 0);
          EN: IN STD _ LOGIC ;
          Y: OUT STD _ LOGIC _ VECTOR( 7 DOWNTO 0));
END CH5 _ 1 _ 1;

ARCHITECTURE DEC _ BEHAVE OFCH5 _ 1 _ 1 IS
    SIGNAL SEL : STD _ LOGIC _ VECTOR( 3 DOWNTO 0);
BEGIN
    SEL(0) <= EN ;
    SEL(1) <= A(0) ;
    SEL(2) <= A(1) ;
    SEL(3) <= A(2) ;
    WITH SEL SELECT
        Y <= "00000001" WHEN "0001",
             "00000010" WHEN "0011",
             "00000100" WHEN "0101",
             "00001000" WHEN "0111",
             "00010000" WHEN "1001",
             "00100000" WHEN "1011",
             "01000000" WHEN "1101",
             "10000000" WHEN "1111",
             "11111111" WHEN OTHERS;
END DEC _ BEHAVE;
```

程序说明:

1.标准逻辑矢量类型 STD _ LOGIC _ VECTOR

STD _ LOGIC _ VECTOR 与 STD _ LOGIC 一样,都是定义在 STD _ LOGIC _ 1164 程序包中,但是,可以清楚地看到,STD _ LOGIC 表示的是 1 位,而 STD _ LOGIC _ VECTOR 则是一个标准的一维位数组,它的每个元素都是 STD _ LOGIC。在电路中可以表达并列的多通道、节点和总线(BUS)。

在使用 STD _ LOGIC _ VECTOR 时,必须要注明数组的宽度,即位宽。如:

```
Y: OUT STD _ LOGIC _ VECTOR( 7 DOWNTO 0)
SIGNAL B : STD _ LOGIC _ VECTOR(1 TO 8)
```

其中,Y 是一个 8 位位宽的总线端口,它的最左位,即 Y(7),是最高位,关键字 DOWNTO 使该端口自左向右依次递减,最右边为 Y(0),是最低位。如:

```
Y <= "11001000";          --Y(7)为最高位,它的值为'1'
```

"11001000"表示二进制数(矢量位),必须加双引号,而单一的一位二进制数则为单引号,如'1'。

SIGNAL B : STD _ LOGIC _ VECTOR(1 TO 8)也定义了一个 8 位位宽的总线,数据对象为 SIGNAL,但应注意,它的最左位为 A(1),通过关键字 TO 向右依次递增,直到 A(8)。如:

```
B <= "11001000";                 --B(8) = '0'
```

当 B 向 Y 赋值时,应注意数据位的对应关系,如:

```
Y <= B;          --此时 B(1)赋给 Y(7),依此类推,B(8)赋给 Y(0)
```

另外,与 STD _ LOGIC _ VECTOR 相对应的还有 BIT _ VECTOR 位矢量数据类型,其每一个元素都是逻辑位 BIT,使用方法与 STD _ LOGIC _ VECTOR 相同。如:

```
SIGNAL C : BIT _ VECTOR( 1 DOWNTO 0);          --定义了一个 2 位位矢量,数据对象为信号
VARIABLE D: BIT _ VECTOR( 2 TO 5);             --定义了一个 4 位位矢量,数据对象为变量
```

2. WITH – SELECT 语句

WITH – SELECT 的语法格式如下:

```
--语法
WITH   表达式   SELECT
目标信号 <= 表达式 1   WHEN   选择值 1
          表达式 2   WHEN   选择值 2
          ……
          表达式 n   WHEN   选择值 n
```

〈注 1〉 WHEN 条件的选择值必须在表达式的取值范围之内。

〈注 2〉 所有可能的选择值都必须一一列举,除非所有的条件句中的选择值能完整覆盖 WITH 语句中表达式的取值,否则必须像例 4.15 那样,最末的一个条件句中用 OTHERS 来表示在上面的所有条件句中没有列出来的其他可能的取值。OTHERS 只能出现一次,且只能作为最后一种条件取值。使用 OTHERS 的目的是使条件句中的所有选择值完全覆盖 WITH 语句中表达式的所有取值,以免插入不必要的寄存器。

〈注 3〉 该语句对条件选择值的测试具有同期性的特点,而不是像条件赋值语句 WHEN – ELSE 那样按照书写的顺序从上而下逐条测试。所以,WHEN 语句中的选择值只能出现一次,不允许有相同选择值的条件语句出现。

〈注 4〉 WITH – SELECT – WHEN 语句必须选中且只能选中所列的条件语句中的一条。

〈注 5〉 类似于进程,选择信号语句也有敏感量,即关键字 WITH 旁边的选择表达式,每当选择表达式的值发生变化时,就将启动语句对各个子句的选择值进行比较判断,当发现有满足

条件的子句时,就将此子句表达式中的值赋给目标信号。

〈注6〉选择值有如下表达形式。

① 单个普通数值,如2;

② 数值选择范围,如(2 TO 5),表示取值为2、3、4、5;

③ 并列数值,如2|4,表示取值为2或4;

④ 混合方式,即上面几种方式的混合。

例4.15中WITH语句的功能是当WITH语句表达式SEL为"0001"时,输出为"00000001",依此类推。

例4.15三－八译码器的仿真结果如图4.12所示。

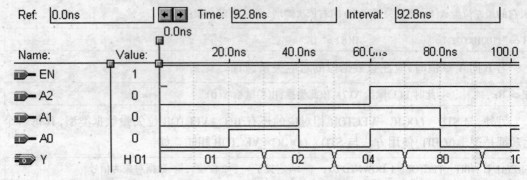

图4.12 三－八译码器的仿真结果

3.信号的合并

例4.15中语句

SEL(0) <= EN;
SEL(1) <= A(0);
SEL(2) <= A(1);
SEL(3) <= A(2);

表示信号的合并操作,它是把输入信号合成为一个位矢量信号。

信号的合并还有另外一种表示方法,如例4.15所示,语句 SEL <= EN & A;由 A 和 EN 组成了一个9位的位矢量 SEL。并置操作符'&'表示将操作数(如'0'、'1')或数组合并起来形成新的数组,如'1'&'0'&'0'的结果为"100","VH"&"DL"的结果为"VHDL"。

利用并置操作符,可以用多种方式建立起一个数组,如将一个单元素并在一个数组的左端或右端来形成一个更长的数组,或将两个数组合并成一个新数组。但是,应该注意合并前后数组的长度应该一致。

```
--例4.16
   ……
SIGNAL A:STD _ LOGIC _ VECTOR (3 DOWNTO 0);
SIGNAL B:STD _ LOGIC _ VECTOR (0 TO 3);
SIGNAL C:STD _ LOGIC _ VECTOR (0 TO 1);
SIGNAL D:STD _ LOGIC _ VECTOR (1 DOWNTO 0);
   ……
C <= A(2 DOWNTO 1);        --分解 A(2~1)序列信号传递给 C
B <= A(3) & D & '1';       --合并 A(3)、D 和信号'1'传递给 B
```

例 4.16 的示意图如图 4.13 所示。

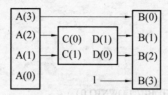

图 4.13　例 4.16 示意图

仿真说明：在例 4.15 中，利用 EN、A2、A1 和 A0 都成为 SEL 的信号成员，将 EN 这个控制管脚融入电路之中，比一般只用 A2、A1 和 A0 作为选择线的写法更为实用，或者说例 4.16 的电路设计其实就是和现在市面上的 IC 功能是一样的。

4.2.2　编码器

编码器是将 2^N 个分离的信息代码以 N 个二进制码来表示。当一个编码器有 2^N 条输入线和 N 条输出线时，称为 $2^N \times N$ 编码器。编码器的动作和译码器刚好相反。

编码器常常用于影音压缩和通信方面，以达到精简传输量的目的。其实编码器可以看成是压缩电路，而译码器可以看成是解压缩电路。传输数据前先用编码器压缩数据后再传送出去，接收端则由译码器解压缩，还原为原来的内容。如此在传送的过程中，便以 N 个数码来代替 2^N 个数码的数据量，以提高传输效率。当 $N = 4$ 时，欲传送 16 个位数据时只需传送 4 个码即可，压缩率高达 75%。

例：设计八 – 三编码器（8×3 编码器）。

学过了译码电路的 VHDL 程序，编码器的设计就不太难了。和译码器一样，有了编码器的外部管脚配置图（图 4.14），就能够做 ENTITY 的定义，再根据编码器的真值表和译码器一样使用查表法，ARCHITETURE 内的描述便可轻松完成。表 4.2 是八 – 三编码器的真值表。

图 4.14　八 – 三编码器框图

表 4.2　八 – 三编码器的真值表

Y0	Y1	Y2	Y3	Y4	Y5	Y6	Y7	A0	A1	A2
1	0	0	0	0	0	0	0	0	0	0
0	1	0	0	0	0	0	0	0	0	1
0	0	1	0	0	0	0	0	0	1	0
0	0	0	1	0	0	0	0	0	1	1
0	0	0	0	1	0	0	0	1	0	0
0	0	0	0	0	1	0	0	1	0	1
0	0	0	0	0	0	1	0	1	1	0
0	0	0	0	0	0	0	1	1	1	1

```
--例 4.17
LIBRARY IEEE ;
USE IEEE.STD _ LOGIC _ 1164.ALL ;

ENTITY cod IS
    PORT (A : IN STD _ LOGIC _ VECTOR(7 DOWNTO 0) ;
          EN : IN STD _ LOGIC ;
             Y: OUT STD _ LOGIC _ VECTOR( 2 DOWNTO 0)) ;
END cod ;

ARCHITECTURE ENDEC _ BEHAVE OF cod IS
SIGNAL SEL : STD _ LOGIC _ VECTOR( 8 DOWNTO 0);
BEGIN
    SEL <= EN & A ;
    WITH SEL SELECT
      Y <= "000" WHEN "100000001" ,
           "001" WHEN "100000010" ,
           "010" WHEN "100000100" ,
           "011" WHEN "100001000" ,
           "100" WHEN "100010000" ,
           "101" WHEN "100100000" ,
           "110" WHEN "101000000" ,
           "111" WHEN "110000000" ,
           "000" WHEN OTHERS ;
END ENDEC BEHAVE ;
```

程序说明:
编码器和译码器的功能互补,设计的概念都是一样的,直接利用查表法就能轻易完成。
八 – 三编码器的仿真结果如图 4.15 所示。

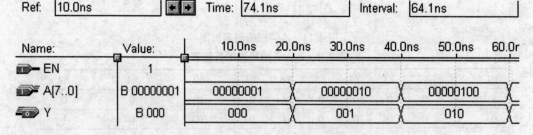

图 4.15 八 – 三编码器的仿真结果

电路设计的方法众多,上题也可以采用卡诺图法化简,求得其布尔方程为:

$$Y2 = A7 + A6 + A5 + A4$$

$$Y1 = A7 + A6 + A3 + A2$$

$$Y0 = A7 + A5 + A3 + A1$$

其程序见例 4.18。

```
--例4.18
LIBRARY IEEE ;
USE IEEE.STD _ LOGIC _ 1164.ALL ;

ENTITY cod1 IS
  PORT (A : IN STD _ LOGIC _ VECTOR(7 DOWNTO 0) ;
      EN : IN STD _ LOGIC ;
       Y : OUT STD _ LOGIC _ VECTOR( 2 DOWNTO 0)) ;
END cod1 ;

ARCHITECTURE ENDEC OF cod1 IS
BEGIN
   Y(2) <= (A(7) OR A(6) OR A(5) OR A(4)) AND EN ;
   Y(1) <= (A(7) OR A(6) OR A(3) OR A(2) ) AND EN ;
   Y(0) <= (A(7) OR A(5) OR A(3) OR A(1) ) AND EN ;
END ENDEC ;
```

4.3　比较器

　　数字比较器的设计,通常是依据两组二进制数码的数值大小来做比较,即 a > b、a = b 和 a < b,这三种情况仅有一种其值为真。比较器的应用非常广泛,从算术的比较、排序到一般逻辑电路的控制,如报警器、重量控制、亮度控制、温度控制等。比较器是一个使用率很高的电路。

　　需要注意的是,比较器的电路有三个输出端口。

　　提示:

　　下面进行八位比较器的 VHDL 设计。

　　比较器如图 4.16 所示。其中输入信号包括:

　　A、B——皆为八位信号;

　　CLK——时钟输入脉冲;

　　RST——清除控制。

　　输出信号包括:

　　AGTB——当 A > B 时,其值为 1,否则为 0;

　　AGQB——当 A = B 时,其值为 1,否则为 0;

　　ALTB——当 A < B 时,其值为 1,否则为 0。

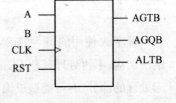

图 4.16　比较器

　　分析:

　　在日常的生活中,人们要比较两个数字的大小是一件非常容易的事,但是要设计一个电路能够比较数字的大小,就不那么容易了。本电路中完成一件事或执行一个动作,要同时观察出大于、等于或小于,计算机没有办法在一个步骤内完成,因此必须每一个状况都分析比较之后才能得出正确的结果。

如果觉得比较器实在是非常简单,不需要什么技巧和概念,只需要像下面几行简单的程序就可以了,那就错了。你能指出为何下面的程序 A 和程序 B 无法正确执行的原因吗?

```
--程序 A
ARCHITECTURE B OF COMP1 IS
BEGIN
PROCESS(RST,CLK)
BEGIN
    IF A > B THEN
        AGTB <= '1';
    ELSEIF A = B THEN
        AGQB <= '1';
    ELSE
        ALTB <= '1';
    END IF;
END PROCESS; END B;
```

```
--程序 B
ARCHITECTURE A OF COMP1 IS
BEGIN
    AGTB <= '1' WHEN A > B ELSE '0';
    AGQB <= '1' WHEN A = B ELSE '0';
    ALTB <= '1' WHEN A < B ELSE '0';
END A;
```

程序 A 使用的 IF – THEN 是顺序执行语法,因此当 IF 判别式为真时,程序就立即跳离 IF 语法结构,不再处理其他 ELSEIF 区段的程序。因此在 AGTB、AGQB 和 ALTB 三者当中,若有尚未处理的部分,有可能造成输出结果为"unknown"的错误情形发生。

程序 B 所使用的 WHEN – ELSE 为并行同时性的语法,虽然可以执行,但却未将 CLK 和 RST 两个管脚的作用包含进去,因此这两个管脚将失去作用,可能引发信号无法同步或使用起来不方便。

```
--例 4.19
LIBRARY ieee;
USE ieee.STD_LOGIC_1164.all;


ENTITY comp2 IS
    PORT (   A: IN STD_LOGIC_VECTOR(7 DOWNTO 0);
             B: IN STD_LOGIC_VECTOR(7 DOWNTO 0);
             CLK: IN STD_LOGIC;
             RST: IN STD_LOGIC;
             AGTB: OUT STD_LOGIC;
             ALTB: OUT STD_LOGIC;
             AEQB: OUT STD_LOGIC);
END comp2b;


ARCHITECTURE arch OF comp2 IS
BEGIN
    PROCESS(RST,CLK)
    BEGIN
        IF RST = '1' THEN
            AGTB <= '0'; AEQB <= '0'; ALTB <= '0';
        ELSIF CLK'EVENT AND CLK = '1' THEN
            IF A > B THEN
                AGTB <= '1'; AEQB <= '0'; ALTB <= '0';
            ELSIF A = B THEN
                AGTB <= '0'; AEQB <= '1'; ALTB <= '0';
            ELSE
                AGTB <= '0'; AEQB <= '0'; ALTB <= '1';
            END IF;
        END IF;
    END PROCESS;
END ARCH ;
```

程序说明：

因为比较器也有多个输出端口，如果使用顺序性语法，每次比较之前，务必先将输出归零（这和抢答器电路类似，在回答第一题后开始第二题前，必须先把上次结果清零），否则会产生错误的结果。

比较器的仿真结果如图 4.17 所示。

程序中的语法解释：

IF 语句是 VHDL 中最常用和最重要的顺序条件语句，它是根据语句中所设置的一种或多种条件，有选择地执行指定的顺序语句。

IF 语句一般有以下 4 种形式：

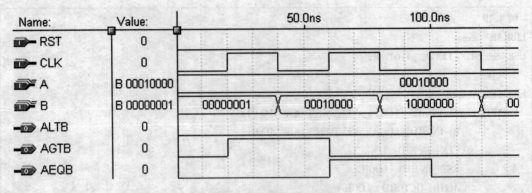

图 4.17　比较器的仿真结果

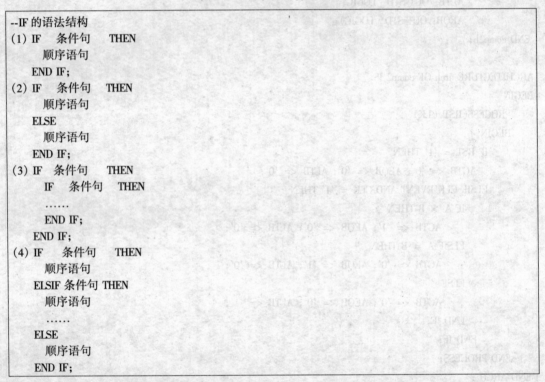

IF 语句至少应该有一个条件句,它可以是 BOOLEAN 类型的标识符,如 IF b1 THEN...;或是一个判别表达式,如 IF a > b THEN...。判别表达式的输出结果是 TRUE 或 FALSE,来有条件地执行其后的顺序语句。

格式(1)条件语句的执行情况是:当执行到条件语句时,首先判断关键词 IF 后的条件句是否为真,如果条件为真,于是(THEN)顺序执行条件句中所列出来的顺序语句,直到 END IF;如果条件为假,则直接跳过顺序语句,结束 IF 语句的执行。这是一种非完整的条件语句,用于产生时序电路。

格式(2)与格式(1)相比,当判断条件为假时,并不直接跳离 IF 语句,而是执行 ELSE 下列出来的一系列的顺序语句。所以格式(2)具有条件分支的功能,它可以通过条件来判断应该执行哪段顺序语句。这是一种完整性语句描述,因为它给出了条件句所有可能的条件,因此通常用于产生组合电路。

格式(3)是一种多重 IF 的嵌套式条件句,可以产生比较丰富的条件描述,既可以产生组合电路,也可以产生数字电路,或是二者的混合。使用该语句时应注意,END IF 的数量应与嵌套的条件句数量一致。

格式(4)也可以用来描述不同类型的电路,它通过设置 ELSIF 来设定多个判断条件,使判断分支可以超过两个。这类语句有一个重要特点:其任意一个分支顺序语句的执行条件是以上各分支所确定条件的相与(相关条件同时成立),即语句中顺序语句的执行条件具有向上相与的功能,所以,刚好可以满足某些逻辑电路的需要。如例 4.20 中就利用了 IF 各个条件的相与功能,实现了一个八 – 三编码器的设计(功能与例 4.16 相同)。

```
--例 4.20    八 – 三编码器的设计
LIBRARY IEEE;
USE IEEE. STD _ LOGIC _ 1164. ALL;
ENTITY coder IS
  PORT ( din : IN STD _ LOGIC _ VECTOR(0 TO 7);
      output : OUT STD _ LOGIC _ VECTOR(0 TO 2) );
END coder;
ARCHITECTURE behav OF coder IS
  SIGNAL SINT : STD _ LOGIC _ VECTOR(4 DOWNTO 0);
  BEGIN
    PROCESS (din)
  BEGIN
      IF (din(7) = '0') THEN output <= "000";
        ELSIF (din(6) = '0') THEN output <= "100";
        ELSIF (din(5) = '0') THEN output <= "010";
        ELSIF (din(4) = '0') THEN output <= "110";
        ELSIF (din(3) = '0') THEN output <= "001";
        ELSIF (din(2) = '0') THEN output <= "101";
        ELSIF (din(1) = '0') THEN output <= "011";
                            ELSE output <= "111";
END IF ;
  END PROCESS ;
END behav;
```

显然,程序的最后一项赋值语句 output <= "111"的执行条件(相与条件)是(din(7) = '1') AND (din(6) = '1') AND (din(5) = '1') AND (din(4) = '1') AND (din(3) = '1') AND (din(2) = '1') AND (din(1) = '1'),这恰好和表 4.2 所示的真值表相符。

4.4　数码转换电路

在数字逻辑电路的内部,大多数采用二进制或十六进制的数字类型,而在日常生活当中使用的几乎都是十进制的数字类型,所以经常遇到数字类型之间的转换问题。

本节将重点放在最常用的两种数码转换电路,第一种是二进制转换成十进制,第二种是 BCD 码转换成七段显示器码。本节将这两个转换写在一个程序里,也就是说,二进制的输入将被转换成十进制的 BCD 码,同时将 BCD 码再转换成七段 LED 数码管显示码。

其实电路不会用到十进制,转换成十进制的目的是为了方便人们理解或观察电路的结果。

也许读者已经在数字电路里学过二进制与十进制之间的转换方法,例如,二进制的 1010 = 1 × 2^3 + 0 × 2^2 + 1 × 2^1 + 0 × 2^0 = 10(十进制)。现在重点则是要用 VHDL 来设计一个执行数码转换电路,将二进制的输入转换为十进制的输出。

表 4.3 所示为一个 4 位的二进制数码和其对应的十进制数码的对照表,假设这里用的 LED 数码管是共阴极型。

表 4.3 二进制数码到十进制数码的真值表

输入信号		输出 1:BCD 码		输出 2:七段显示器码	
二进制	十进制	十位数	个位数	十位数	个位数
0000	0	0000	0000	0111111	0111111
0001	1	0000	0001	0111111	0000110
0010	2	0000	0010	0111111	1011011
0011	3	0000	0011	0111111	1001111
0100	4	0000	0100	0111111	1100110
0101	5	0000	0101	0111111	1101101
0110	6	0000	0110	0111111	1111100
0111	7	0000	0111	0111111	0000111
1000	8	0000	1000	0111111	1111111
1001	9	0000	1001	0111111	1100111
1010	10	0001	0000	0000110	0111111
1011	11	0001	0001	0000110	0000110
1100	12	0001	0010	0000110	1011011
1101	13	0001	0011	0000110	1001111
1110	14	0001	0100	0000110	1100110
1111	15	0001	0101	0000110	1101101

重点提示:

(1) 逻辑概念

① 当输入为 0~9 时,十位数字为 0,个位数 = 输入。

② 当输入为 10~15 时,十位数为 1,个位数 = 输入 – 10。

(2) 数据类型

① 输入为 UNSIGNED(3 DOWNTO 0),因为有减法运算要执行。

② 输出有两个(十进制表示),分别为十位数(BCD1)和个位数(BCD0),都是 BCD 码,故定义成 STD _ LOGIC _ VECTOR(3 DOWNTO 0)。

数码转换程序仿真结果如图 4.18 所示。

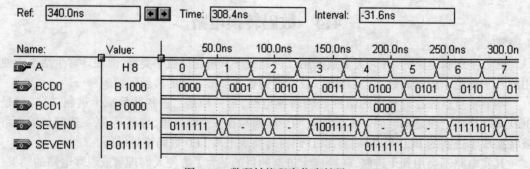

图 4.18 数码转换程序仿真结果

```
--例 4.21 数码转换电路
LIBRARY IEEE ;
USE IEEE.STD _ LOGIC _ 1164. ALL ;
USE IEEE.STD _ LOGIC _ ARITH. ALL ;
USE IEEE.STD _ LOGIC _ UNSIGNED. ALL;
-- **************************
ENTITY CONVERT2 _ 10 IS
    PORT(    A : IN UNSIGNED( 3 DOWNTO 0 ) ;
             BCD0, BCD1 : OUT STD _ LOGIC _ VECTOR( 3 DOWNTO 0) ;
             SEVEN0 , SEVEN1 : out STD _ LOGIC _ VECTOR(6 DOWNTO 0)
         );
END CONVERT2 _ 10;
-- **************************
ARCHITECTURE bhv OF CONVERT2 _ 10 IS
SIGNAL XC : STD _ LOGIC _ VECTOR( 3 DOWNTO 0) ;
BEGIN
  PROCESS (A)
    BEGIN
      IF A < 10 THEN
         BCD1 <= "0000" ;
         BCD0 <= STD _ LOGIC _ VECTOR(A) ;
         SEVEN1 <= "0111111" ;
-- ***************************
         XC <= STD _ LOGIC _ VECTOR(A) ;
-- ***************************
      ELSE
         BCD1 <= "0001" ;
         BCD0 <= STD _ LOGIC _ VECTOR(A) - 10 ;
         SEVEN1 <= "0000110" ;
-- ***************************
         XC <= STD _ LOGIC _ VECTOR(A) - 10 ;
-- ***************************
      END IF;
  END PROCESS;

  SEVEN _ SEGMENT: BLOCK
  BEGIN
  SEVEN0 <= "0111111" WHEN XC = "0000" ELSE       --0
             "0000110" WHEN XC = "0001" ELSE       --1
             "1011011" WHEN XC = "0010" ELSE       --2
             "1001111" WHEN XC = "0011" ELSE       --3
             "1100110" WHEN XC = "0100" ELSE       --4
             "1101101" WHEN XC = "0101" ELSE       --5
             "1111101" WHEN XC = "0110" ELSE       --6
             "0000111" WHEN XC = "0111" ELSE       --7
             "1111111" WHEN XC = "1000" ELSE       --8
             "1101111" WHEN XC = "1001" ELSE       --9
             "0000000" ;
  END BLOCK SEVEN _ SEGMENT ;
END bhv;
```

语法学习：

1.数据类型简介

在数字电路里信号大致分为逻辑信号和数值信号。而针对 VHDL 所提供的数据类型而言,信号可分为如下几类：

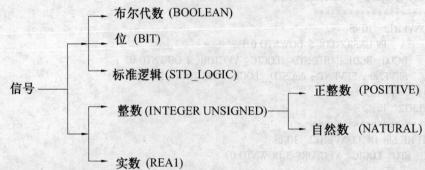

布尔代数 (BOOLEAN)

位 (BIT)

标准逻辑 (STD_LOGIC)

信号 —— 整数 (INTEGER UNSIGNED) —— 正整数 (POSITIVE)

自然数 (NATURAL)

实数 (REA1)

一般来说,在 VHDL 程序里,把信号定义成数值,是为了方便做数值方面的运算,如加 6 计数器、10 分频器等。所以有了这样的数值信号,后续做加减乘等运算就容易了许多。

在 VHDL 中,整数的取值范围为 $-2147483648 \sim 2147483647$,实际上一个整数由 32 位的 BIT_VECTOR 所构成,所以数值范围就可以看成是 $-2^{31} \sim 2^{31}-1$。它可以用预定义的运算符号进行 $+$、$-$、$\times$、$\div$ 的算术运算。在实际应用中,VHDL 仿真器通常把整数当成是有符号数,而 VHDL 综合器则把它当成无符号数。在使用整数时,VHDL 综合器要求必须用 RANGE 子句来限定数的范围,然后根据所限定的范围来决定表示此信号或变量的二进制数的位数。如：

```
SIGNAL A : INTEGER RANGE 15 DOWNTO 0;
```

即限定了信号 A 只能取 0 ~ 15 共 16 个值,故可用 4 位二进制数来表示。因此,VHDL 综合器将 A 综合成由 4 条信号线构成的总线式信号：A(3)、A(2)、A(1) 和 A(0)。

整数常量的一般书写形式如下：

1	十进制整数
0	十进制整数
35	十进制整数
10E3	十进制整数
16 # D9 #	十六进制整数
8 # 720 #	八进制整数
2 # 11010010 #	二进制整数

【注意】在语句中,整数表达式不加引号,如 1、0、3;而逻辑位必须加引号,如'1'、"001"。

POSITIVE 和 NATURAL 是整数的子类型,定义方法也类似。

UNSIGNED 的数据类型和 STD_LOGIC_VECTOR 类似,定义时必须指明这个无符号整数的位数,例如下面的定义：

```
Signal A : Unsigned(3 Downto 0)；--4 位无符号整数定义
Signal B : Unsigned(7 Downto 0)；--8 位无符号整数定义
```

根据上述的定义,信号 A 的数值是 $2^4-1 \sim 0$,即 15 ~ 0;而信号 B 的数值是 $2^4-1 \sim 0$,即 255 ~ 0。这种数值信号类型用于诸如计数器、分频器等做加、减等数值运算时,十分方便。

Unsigned 信号类型除了具有数值运算的好处外,还具有与标准逻辑序列信号相似的逻辑运算特性。

例 4.21 中 XC <= STD_LOGIC_VECTOR(A);表示 A 以逻辑信号的方式输出,因为 A 定义为 UNSIGNED,它具有数值类型和逻辑类型的双重身份,而我们这里需要的输出是逻辑信号,VHDL 为强类型语言,必须要强制转换一下,否则,后边的 WHEN-ELSE 语法将发生错误。

2. BLOCK(块)结构

当一个电路较复杂时,应先考虑将它分成几个模块,这时就可使用方块语句(BLOCK)。块的应用和用 PROTEL 画大原理图十分类似,可以将它划分为多个子模块原理图连接而形成顶层的模块图,而每一个子模块本身也可以是具体的电路原理图。如果子模块还是太大,还可以将它变成更低层次的原理图模块的连接图(嵌套)。显然,这种组织是形式上的,而不是功能上的。BLOCK 是 VHDL 的一种划分机制,这种机制允许设计者合理地将一个模块分为数个区域,在每个块都能对其局部信号、数据类型和常量加以描述和定义。它的语法格式如下:

```
方块名称:BLOCK
[数据对象定义区]
BEGIN
  命令区块
END BLOCK 方块名称;
```

块语句也是并行工作的,其本身的内部都是由并行语句构成的(包括进程)。与其他的并行语句相比,块本身没有什么独特的功能,它只是并行语句的一种组合形式,利用它可以使程序更加清晰、更有层次。因此,对于一组并行语句,无论是否把它们纳入块语句中,都不会影响原来的电路功能。

在使用块语句的时候必须特别注意,块中定义的数据类型、数据对象(信号、变量或常量)和子程序都是局部的。对于多层嵌套的块结构,这些局部量只适用于当前块,以及嵌套与本层块中的所有层次的块。也就是说,在多层嵌套结构中,内层块的所有定义值对外层块都是不可见的,但是对于其内层块都是可见的。

在例 4.21 中,我们把显示码转换部分的并行语句放到了 SEVEN_SEGMENT 块中,这样,这个程序的结构显得更加清晰。

4.5　算术运算

说到运算,VHDL 语言和其他许多语言一样是使用算术运算符来执行电路的算术运算。常见的算术运算符有:

+ ——加法运算符;

- ——减法运算符;

* ——乘法运算符;

/ —— 除法运算符;

& ——连接运算符(序列合并)。

当用 VHDL 语言来执行算术运算时,常常会碰到下列两个问题:数据类别和数据进位处理。

4.5.1　数据类别

基本上,VHDL 是硬件描述语言,所以处理的信号不外乎是逻辑信号和数值信号两种。逻辑信号是 0 和 1 的组合,是基本的电路信号,它所执行的运算是布尔代数运算;数值信号则是日常生活中所使用的数字,用来做加、减、乘、除运算。在 VHDL 的算术运算中,内定的数据类型为整形或浮点数,需要做运算的是数值信号,但是执行运算的电路,却要求使用 STD ＿ LOGIC 或 STD ＿ LOGIC ＿ VECTOR 的数据类型,在设计时应该特别小心。

4.5.2　进位的处理

在执行加法或乘法运算时,可能会产生进位(carry)。如果没有妥善处理,很可能会产生错误的结果。在 VHDL 程序中,是不会自动产生进位的,这样的安排会使计数器的设计工作变得更加简单而直接(9 数完后直接跳到 0)。相对地,如果需要执行相加或相乘运算,就必须另外处理进位,否则将无法得到正确的结果。

再来看一个错误的范例:

```
--例 4.22 有问题的 4 位加法器
library IEEE;
use IEEE. std ＿ logic ＿ 1164. all;
use IEEE. std ＿ logic ＿ arith. all;
use IEEE. std ＿ logic ＿ unsigned. all;

ENTITY adder IS
    PORT(data1, data2: IN UNSIGNED (3 downto 0);
        Sum:        OUT STD ＿ LOGIC ＿ VECTOR (3 downto 0);
        );
END adder;
architecture ARCH of adder is
BEGIN
    Sum <= data1 + data2;
END arch;
```

仔细观察如图 4.19 所示的仿真结果,会发现部分的计算结果是错误的。

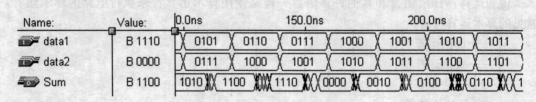

图 4.19　4 位加法器仿真结果

其实错误之所以产生,是因为在 VHDL 程序中,算术运算符不会自动产生进位。所以在处理加法或乘法运算时,就必须另外处理进位问题。一旦增加了进位后,则 0111(7) + 1001(9) =

10000(16),答案就准确无误了。

另外,在例 4.22 中,输入信号设定为 UNSIGNED,而输出信号却设定为 STD_LOGIC_VECTOR,两者的数据类型并不相同。为什么会这样呢?

原来在 VHDL 的算术运算中,数据类型内定为整型或浮点型,是属于数值信号的数值类型,但在大多数的电路设计时(如电子时钟计时后的显示),要求使用 STD_LOGIC 或 STD_LOGIC_VECTOR,却是属于逻辑信号的数据类型。数据信号只能进行加、减、乘、除等算术运算,而逻辑信号只能执行布尔代数运算,不能进行算术运算。这两种形式不仅不同,而且还不能互换,常常让设计人员不知如何是好。

值得庆幸的是,1993 年发表的 VHDL 标准规格中加入了 UNSIGNED 数据类型。当同一个信号需要执行逻辑和算术运算时,将其定义为 UNSIGNED 即可。被定义成 UNSIGNED 的信号经过语法转换或运算之后,便可以当做逻辑信号进行处理。<= 为逻辑信号设定符号,符号两端的信号都必须是逻辑信号的类型。

了解了事情的来龙去脉之后,现在开始修正先前的设计。首先考虑会有进位的产生,所以电路的输出部分需要增加一个位(Cout),作为存储进位之用;另外输入位也可能会有前一级加法器所产生的进位位,故在输入处也增加一个位(Cin),其电路的外部配置如图 4.20 所示。

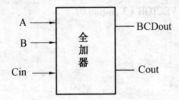

图 4.20　1 位全加器

决定了电路的外部配置,便可以根据外部配置来完成 VHDL 程序的 ENTITY 定义,接下来就要处理 VHDL 程序中最困难的 ARCHITECTURE 的设计。

表 4.4 所示为全加器的真值表,根据该表可推导出布尔方程式:

BCDout = A xor B xor Cin

Cout = (A and B) or (A and Cin) or (B and Cin)

表 4.4　全加器的真值表

加法器输入			加法器输出	
A	B	Cin	BCDout	Cout
0	0	0	0	0
0	0	1	1	0
0	1	0	1	0
0	1	1	0	1
1	0	0	1	0
1	0	1	0	1
1	1	0	0	1
1	1	1	1	1

推导出布尔方程,ARCHITECTURE 的描述就可以完成了,接下来只需将数据或指令依序填入 VHDL 的程序架构内即可。

```vhdl
--例 4.23 4 位全加器的 VHDL 程序
library IEEE;
use IEEE.std _ logic _ 1164. all;
use IEEE.std _ logic _ arith. all;
use IEEE.std _ logic _ unsigned. all;
-- *******************************
-- check 4 – BIT adder function
-- *******************************
--
entity ADDER1 is
    port
    (    A : in UNSIGNED (3 downto 0);
         B : in UNSIGNED (3 downto 0);
         Cin : in STD _ LOGIC ;
         BCDout : out STD _ LOGIC _ VECTOR (3 downto 0) ;
         Cout : out STD _ LOGIC
       );
end ADDER1 ;
-- *******************************
architecture ARCH of ADDER1 is
    SIGNAL Y , C: STD _ LOGIC _ VECTOR (3 downto 0) ;
begin
        Y(0)  <=  A(0) XOR B(0) XOR Cin ;
        Y(1)  <=  A(1) XOR B(1) XOR C(0) ;
        Y(2)  <=  A(2) XOR B(2) XOR C(1) ;
        Y(3)  <=  A(3) XOR B(3) XOR C(2) ;
        C(0)  <=  (Cin AND A(0))   OR (Cin AND B(0)) OR (A(0) AND B(0));
        C(1)  <=  (C(0) AND A(1)) OR (C(0) AND B(1)) OR (A(1) AND B(1));
        C(2)  <=  (C(1) AND A(2)) OR (C(1) AND B(2)) OR (A(2) AND B(2));
        C(3)  <=  (C(2) AND A(3)) OR (C(2) AND B(3)) OR (A(3) AND B(3));
    BCDout <=  Y(3) & Y(2) & Y(1) & Y(0) ;
    Cout <=  C(3) ;
end ARCH ;
```

上述程序虽然执行起来没有问题,但是处理的位数增加时,程序就会变成庞然大物。还好 VHDL 程序提供了 for...generate 指令,可进一步将程序的 ARCHITECTURE 部分简化成例4.24。

```
--例 4.24 全加器的简化程序
architecture ARCH of ADDER1 is
    SIGNAL Y, C: STD _ LOGIC _ VECTOR (3 downto 0) ;
    Y(0)  <=  A(0) XOR B(0) XOR Cin ;
    C(0)  <=  (Cin AND A(0)) OR (Cin AND B(0)) OR (A(0) AND B(0));
    GEN: FOR I IN 1 To 3 GENERATE
        Y(I)  <=  A(I) XOR B(I) XOR C(I−1) ;
        C(I)  <=  (C(I−1) AND A(I)) OR (C(I−1) AND B(I)) OR (A(I) AND B(I));
    END GENERATE;
    BCDout  <=  Y(3) & Y(2) & Y(1) & Y(0);
    Cout  <=  C(3);
end ARCH;
```

有了这样的循环指令,多位的全加器也可以很轻松地处理。如果在 Process 顺序指令内部执行循环指令时,其对应的指令为 for…loop。

4 位全加器的仿真结果如图 4.21 所示。

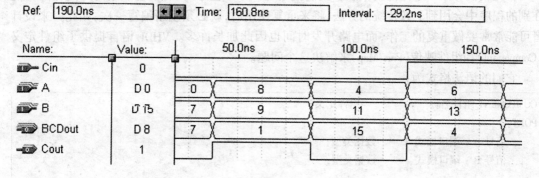

图 4.21　4 位全加器的仿真结果

仿真结果显示,加法器能够执行正确的运算。

语法说明:

1. FOR – GENERATE

生成语句可以简化为有规则设计结构的逻辑描述。生成语句有一种复制作用,在设计中,只要根据某些条件设定好某一元件或设计单位,就可以利用生成语句复制一组完全相同的并行元件或设计单元电路结构。常用的生成语句的格式为:

```
[标号:] FOR 循环变量  IN 取值范围  GENERATE
    BEGIN
        并行语句
    END GENERATE [标号];
```

并行语句是用来"拷贝"的基本单元,主要包括元件、进程语句、块语句、并行过程调用语句,以及生成语句,这表示生成语句允许存在嵌套,因而可用于生成元件的多维阵列结构。格式中的标号并不是必需的,但是如果存在嵌套式生成语句时就十分重要了。

FOR 语句结构主要是用来描述设计中的一些有规律的单元结构,其生成参数及取值范围的含义和运行方式与 LOOP 语句十分相似。但需注意,从软件运行的角度来看,FOR 语句格式中生成参数(循环变量)的递增方式是顺序性的,但最后生成的设计结构却是完全并行的,这就是为什么必须用并行语句来作为生成设计单元。

生成参数(循环变量)是自动产生的,它是一个局部变量,根据取值范围自动递增或递减。取值范围的语句格式与 LOOP 语句是相同的,有两种形式:

表达式　To　表达式	--递增方式,如 1 To 5
表达式　DOWNTO　表达式	--递减方式,如 5 DOWNTO 1

其中的表达式必须是整数。

在例 4.23 中,用到了如下的结构:

```
GEN: FOR I IN 1 To 3 GENERATE
    Y(I)  <=  A(I) XOR B(I) XOR C(I-1) ;
    C(I)  <=  (C(I-1) AND A(I)) OR (C(I-1) AND B(I)) OR (A(I) AND B(I));
END GENERATE;
```

2.另一种全加器设计方法

首先我们介绍一下元件的概念。我们在编写 VHDL 程序时,有些已经编写好的程序可能在别的程序中会用到。按传统的方法,将来重复使用时,就必须重新编写一次,如此一来设计者可能常常要做重复的工作,而电路开发时间也因此加长许多。VHDL 语言提供了组件定义(Component)和组件映像(Port Map)来解决这个问题。

它们的语法格式为:

```
COMPONENT 组件名称              --组件定义
PORT(
        信号 A：端口模式        数据类型;
        信号 B：端口模式        数据类型;
        ……
        信号 N：端口模式        数据类型
          );
END COMPONENT;
```

```
--PORT MAP 语法格式(-)使用 => 符号映像组件信号与输入信号之间的关系
组件标题:组件名称 PORT MAP(组件信号 A => 信号 A1,组件信号 B => 信号 B1,……);
```

```
--PORT MAP 语法格式(-)使用 => 符号映像组件信号与输入信号之间的关系
组件标题:组件名称 PORT MAP(信号 A1,信号 B1,……);
```

下面利用上述的语法来重新设计加法器。

首先是参考表 4.4 设计一个全加器的 VHDL 程序,假设命名为 FullAdder. VHD。这个 FullAdder 在 VHDL 程序的 ENTITY(实体)部分写成:

```
Entity FullAdder Is
Port (
            A          : IN Std _ Logic;
            B          : IN Std _ Logic;
            C          : IN Std _ Logic;
            Carry      : INOUT Std _ Logic;
            Sum        : OUT Std _ Logic
        );
End FullAdder;
```

依照上述 FullAdder 程序的管脚,在设计 4 位加法器的顶层 VHDL 程序里,使用 Component 语句定义这个全加器,语句如下:

```
Component FullAdder
  Port (
            A          : IN Std _ Logic;
            B          : IN Std _ Logic;
            C          : IN Std _ Logic;
            Carry      : OUT Std _ Logic;
            Sum        : OUT Std _ Logic
        );
  End Component;
```

再使用 4 次 Port Map 映像这个加法器,来完成 4 位加法器的设计。

```
--例 4.25 1 位加法器的设计
LIBRARY IEEE;
USE IEEE.STD _ LOGIC _ 1164.ALL;
USE IEEE.STD _ LOGIC _ ARITH.ALL;
USE IEEE.STD _ LOGIC _ UNSIGNED.ALL;

Entity FullAdder IS
Port (
            A          : IN Std _ Logic;
            B          : IN Std _ Logic;
            C          : IN Std _ Logic;
            Carry      : INOUT Std _ Logic;
            Sum        : OUT Std _ Logic
        );
End FullAdder;
ARCHITECTURE a OF FullAdder IS
Begin
  Sum  <=  A XOR B XOR C;
  Carry  <= (A and B) or(A and C) or(B and C);
end a;
```

```
--例4.26 4位加法器的设计
LIBRARY IEEE;
USE IEEE.STD _ LOGIC _ 1164.ALL;
USE IEEE.STD _ LOGIC _ ARITH.ALL;
USE IEEE.STD _ LOGIC _ UNSIGNED.ALL;
ENTITY tst is
    PORT(
              A      : IN     STD _ LOGIC _ VECTOR(3 Downto 0);
              B      : IN     STD _ LOGIC _ VECTOR(3 Downto 0);
              S      : OUT    STD _ LOGIC _ VECTOR(3 Downto 0);
              C      : INOUT STD _ LOGIC _ VECTOR(4 Downto 0)
        );
END tst;
ARCHITECTURE a OF tst IS
    Component FullAdder          --组件定义
    Port (
              A      : IN Std _ Logic;
              B      : IN Std _ Logic;
              C      : IN Std _ Logic;
              Carry  : INOUT Std _ Logic;
              Sum    : OUT Std _ Logic
        );
    End Component;
BEGIN
C(0)  <=  '0';              --组件映像
GEN : FOR I IN 0 TO 3 GENERATE
      BEGIN
      ADD1B: FullAdder PORT MAP(A(I),B(I),C(I),C(I + 1),S(I));
      END GENERATE;
END a;
```

其仿真结果如图4.21所示,它利用了元件例化的方法形成了一个层次性的设计。综合结果如图4.22所示(用 Synplify 综合)。

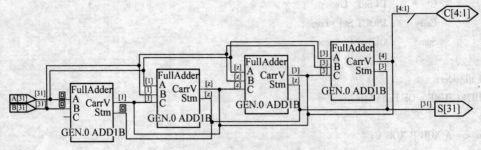

图4.22　4位加法器的综合结果

4.6　计数器

在时序应用电路里,计数器的应用十分普遍,如分频电路、状态机里都能看到它的踪迹。本节讨论的计数器有加法计数器、减法计数器和可逆计数器。首先将焦点放在加法计数器。

加法计数器的动作是,每次时钟脉冲信号 CP 为上升沿时,计数器会将计数值加 1。以图 4.23 为例,它是 2 位的计数器,所以计数值(由 Q1、Q0 组成)依次是 $0,1,2,3,0,1,\cdots$,周而复始。

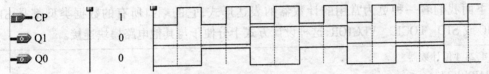

图 4.23　2 位加法计数器的波形图

实际上,在这个波形图里,透露了几个重要信息:

(1) 一个 2 位计数,它所能计数的范围是 $0 \sim 3(2^2 - 1)$。同理,n 位的计数器所能计数的范围是 $0 \sim 2^n - 1$。

(2) 由 Q0、Q1 得到的波形频率分别是时钟脉冲信号 CP 的 1/2、1/4,即将时钟脉冲信号 CP 除 2、除 4,因此图 4.23 又常被称为除 4 计数器。

(3) 由以上讨论推广可知,n 位计数器可获得的信号频率至多是原信号频率除 2^n。

4.6.1　4 位加法计数器

```
--例 4.27 4 位加法计数器
ENTITY CNT4 IS
  PORT ( CLK : IN BIT ;
       Q : BUFFER INTEGER RANGE 15 DOWNTO 0 );
  END ;
ARCHITECTURE bhv OF CNT4 IS
  BEGIN
  PROCESS (CLK)
    BEGIN
    IF CLK'EVENT AND CLK = '1' THEN
      Q <= Q + 1;
    END IF;
  END PROCESS ;
END bhv;
```

【注意】电路的输入端口只有 CLK,类型是 BIT;输出端口定义为 BUFFER,类型为 INTE-GER。

由 $Q <= Q + 1$ 可知,<= 运算符的两端都出现了 Q,表明了 Q 具有输入和输出两种端口模式,同时右边的 Q 来自左边的 Q(输出)的反馈,即输入特性是反馈方式的。可见,Q 的端口模式与 BUFFER 最符合。

例 4.27 中的时序电路描述和 D 触发器的描述类似,也使用了 IF 的不完整描述。使得当不满足上升沿的条件,即表达式 CLK′EVENT AND CLK = ′1′为 FALSE 时,上一次的 Q + 1 的赋值保存在左边的 Q 中,直到上升沿到来才得以更新。

【注意】 Q <= Q + 1 中 <= 两边并非处于同一时刻,右边的结果出现在当前的时钟周期,左边要获得当前的 Q + 1,需要等到下一个时钟周期。

与 BIT 和 BIT _ VECTOR 一样,数据类型 INTEGER、NATRUAL 和 POSITIVE 都是定义在 VHDL 的 STD 库标准程序包 STANDARD 中的。由于该程序包是默认打开的,所以,在上例中不需要显式的声明打开 STD 库和 STANDARD 程序包。

下面我们看一种更为常用的计数器的表达形式,它的端口所有的数据类型都是 STD _ LOGIC 或 STD _ LOGIC _ VECTOR,这种设计方式十分便于与其他电路模块连接。

```
--例 4.28 4 位计数器
LIBRARY IEEE ;
USE IEEE.STD _ LOGIC _ 1164. ALL ;
USE IEEE.STD _ LOGIC _ UNSIGNED. ALL ;
ENTITY CNT4 IS
  PORT ( CLK : IN STD _ LOGIC ;
           Q : OUT STD-LOGIC-VECTOR(3 DOWNTO 0) );
END ;
ARCHITECTURE bhv OF CNT4 IS
SIGNAL Q1 : STD _ LOGIC _ VECTOR(3 DOWNTO 0);
BEGIN
    PROCESS (CLK)
    BEGIN
      IF CLK′EVENT AND CLK = ′1′ THEN
          Q1 <= Q1 + 1 ;
      END IF;
          Q <= Q1 ;
    END PROCESS ;
END bhv;
```

例 4.28 与例 4.27 相比有两点不同。

(1) 输入信号 CLK 的类型为 STD _ LOGIC,输出信号 Q 的数据类型明确定义为 4 位的标准逻辑位矢量 STD _ LOGIC _ VECTOR(3 DOWNTO 0),因此必须打开 IEEE 库 STD _ LOGIC _ 1164 程序包。

(2) Q 的端口模式为 OUT,由于没有输入的端口模式属性,Q 不能像例 4.27 中那样直接用在表达式 Q <= Q + 1 中。考虑到计数器必须引入一个用于计数累加的寄存器,所以在计数器的内部定义了一个信号(SIGNAL),相当于一个内部节点,这个和 D 触发器中定义的 Q1 的目的相同。Q1 是内部信号,所以它的数据流向不受方向的限制,因此可以用在 Q1 <= Q1 + 1 中来完成累加任务,然后将累加的结果用表达式 Q <= Q1 向端口 Q 输出。

VHDL 是强类型语言,不允许两个不同类型的操作数间进行直接的操作或运算,而表达式 Q1 <= Q1 + 1 中, <= 右边加号两端的表达式分别属于不同的类型,为 Q1(STD _ LOGIC) + 1(IN-

TEGER),不满足算术运算符 + 对应的操作数必须属于同一类型的要求。在 IEEE 的 STD _ LOGIC _ 1164 中,对预定义的操作符 + 、— 、× 、> = 、<= 、> 、< 、= 、/ = 、AND、MOD 等进行了重载,使对 INTEGER、STD _ LOGIC、STD _ LOGIC _ VECTOR 等类型的操作符具有了新的功能,可以允许不同的数据类型之间用此运算符进行运算。但是,使用这些操作符的时候,必须打开 IEEE.STD _ LOGIC _ UNSIGNED 程序包。

例 4.27 和例 4.28 的综合结果是一样的,如图 4.24 所示,图 4.25 为 4 位计数器的时序图。

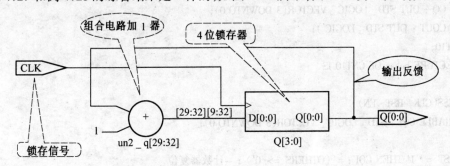

图 4.24　4 位计数器的 RTL 电路

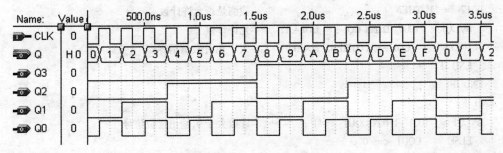

图 4.25　4 位计数器的时序图

由图 4.24 可见,4 位加法计数器由两大部分组成:

(1) 完成加 1 操作的纯组合电路加法器。它的右端输出的值始终比左端多 1,如输入是"0011",则输出是"0100"。换一个角度来考虑,此加法器相当于一种译码器,它完成的是一个二进制码的转换功能,其转换时间即加法器的运算延迟时间。

(2)4 位边沿触发方式寄存器。它是一个纯时序电路,计数信号 CLK 实际上是其锁存允许信号。从表面上看,计数器是对 CLK 脉冲进行计数,但电路结构却显示了 CLK 的真实功能是锁存数据,而真正完成加法操作的是组合电路加法器。

此电路还有一个反馈通道,它一方面把锁存器的数据向外输出,另一方面将此数据反馈回加法器,作为下次累加的基数。电路的工作原理为:当加法器的输入端从锁存器得到一个数据(如"0110")后,经历一个加法操作的延时,结果("0111")就停留在锁存器的输入端,直到 CLK 的上升沿,即被锁存到锁存器,此后将经历下一次的循环,输出值将随之递增。

4.6.2　带有复位和时钟使能的十进制计数器

这种类型的计数器有很多实际的用途,在我们后来介绍的频率计的设计中将会用到。所谓同步和异步都是相对于时钟信号而言的,不依赖于时钟而有效的信号称为异步信号,否则称为同步信号。

```
--例4.29 异步复位和时钟使能的十进制计数器
LIBRARY IEEE;
USE IEEE.STD_LOGIC_1164.ALL;
USE IEEE.STD_LOGIC_UNSIGNED.ALL;
ENTITY CNT10 IS
  PORT (CLK,RST,EN : IN STD-LOGIC;
        CQ : OUT STD_LOGIC_VECTOR(3 DOWNTO 0);
        COUT : OUT STD_LOGIC );
END CNT10;
ARCHITECTURE behav OF CNT10 IS
BEGIN
  PROCESS(CLK, RST, EN)
    VARIABLE CQI : STD_LOGIC_VECTOR(3 DOWNTO 0);
  BEGIN
    IF RST = '1' THEN CQI := (OTHERS => '0') ; --计数器复位
    ELSIF CLK'EVENT AND CLK = '1' THEN        --检测时钟上升沿
      IF EN = '1' THEN                        --检测是否允许计数
        IF CQI < "1001" THEN CQI := CQI + 1;  --允许计数
          ELSE    CQI := (OTHERS => '0');     --大于9,计数值清零
        END IF;
      END IF;
    END IF;
    IF CQI = "1001" THEN COUT <= '1';         --计数大于9,输出进位信号
      ELSE    COUT <= '0';
    END IF;
    CQ <= CQI;                                --将计数值向端口输出
  END PROCESS;
END behav;
```

例4.29 中有两个独立的 IF 语句,第一个 IF 语句是非完整性条件语句,因而将产生计数器时序电路,而第二个 IF 语句将产生一个纯组合电路。

电路的功能为:当时钟信号 CLK、复位信号 RST 或时钟使能信号 EN 中的任何一个发生变化时,都将启动进程语句 PROCESS。此时如果 RST = '1',计数器将清零,即复位。该操作独立于 CLK,故是异步。如果 RST = '0',且有 CLK 信号的上升沿到来,这时又测得 EN = '1',即允许计数,此时正常计数到9,然后清零;但如果 EN = '0',则跳出 IF 语句,使 CQI 保持原值,并将计数值向端口输出 CQ <= CQI。

例4.29 中把 CQI 定义为变量,而没有像通常的情况那样定义为信号。变量也是一种数据对象,虽然变量的一般作用是作为进程中的数据暂存单元,但在不完整条件中,变量赋值语句 CQI := CQI + 1 也可以综合成时序电路。

【注意】 变量的赋值语句中赋值符号为:=,而不是 <=。

图4.26 是10位计数器的 RTL 电路,电路含有比较器、组合电路加1器、2选1数据选择器、4位锁存器,以及两个与门。语句与电路器件的对应情况是:

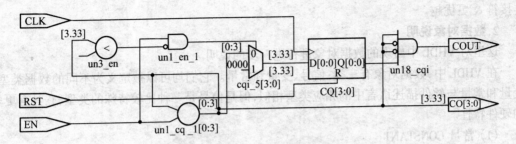

图 4.26　10 位计数器的 RTL 描述

（1）第一个语句中的条件句 IF CQI < "1001" 构成了一个比较器。

（2）语句 IF RST = '1' THEN CQI : = (OTHERS => '0') 构成了 RST 在锁存器上的异步清零端 R。

（3）语句 ELSE CQI : = (OTHERS => '0'); 构成了一个 2 选 1 选择器。

（4）语句 IF EN = '1' THEN 构成了 2 输入的与门。

（5）不完整的条件语句与语句 CQI : = CQI + 1 构成了加法器和锁存器。

（6）第二个 IF 语句构成了 4 输入的与门。

十位计数器的仿真波形如图 4.27 所示。

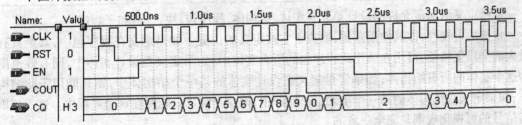

图 4.27　十位计数器的仿真波形

当把 CQI 定义为信号时，在 ISE 和 QUARTUS 下也可以得到相同的仿真结果和 RTL 级电路，但是会收到一个警告。因为一般情况下，程序要求把进程中所有用到的信号均放入到敏感信号列表中，但这里 CQI 没有放入到敏感信号列表中。

语法说明：

1.省略赋值运算符(OTHERS => X)

当给大的位矢量赋值时，如果逐位进行赋值，会显得非常繁琐，为了简化表达，VHDL 引入了 OTHERS => X。

例 4.29 中的 CQI : = (OTHERS => '0') 等价于 CQI: = "0000"。

再举一个例子，对如下定义的信号：

SIGNAL A : STD _ LOGIC _ VECTOR(15 DOWNTO 0);

A <= (OTHERS => '0') 等价于 A <= "0000000000000000"。

利用该语句还可以给位矢量的某一部分赋值之后余下的部分进行赋值，如 d <= (1 => '1', 3 => '1', OTHERS => '0'); 表示给 d 的第一位和第三位赋值为'1'，其他位赋值为'0'。

也可以把其他信号的值赋给该信号，如 D <= (1 => e(3), 4 => e(5), OTHERS => e(2)); 表示把 e(3) 的值赋给 d(1)，e(5) 的值赋给 d(4)，d 的其他位由 e(2) 的值赋给。这种方法要比用

连接符 & 更优越。

2.数据对象说明

这里对 VHDL 中出现的数据对象进行进一步的说明。

在 VHDL 中,数据对象有三类:信号、变量和常量。它们均可以被定义为不同的数据类型。变量和常量与软件描述语言中的相应类型相似,但是信号是一种比较特殊的类型,它具有更多的硬件特性。

(1) 常量 CONSTANT

常量的定义是为了使程序更加便于阅读和修改。例如,将逻辑位的宽度设置为一个常量,只要修改这个常量就可以很容易地改变位宽度,从而方便地改变硬件结构。在程序中,常量是一个恒定不变的值,一旦做了数据类型和赋值的定义之后,在程序中就不能再改变。

定义常量的格式如下:

```
CONSTANT 常数名 : 数据类型 : = 表达式;
```

例如:

```
CONSTANT BUS : STD _ LOGIC _ VECTOR : = "1001110";
CONSTANT delay : TIME : = 15;
```

常量定义语句所允许的设计单元有实体、结构体、程序包、块、进程和子程序。

常量的可视性,即其使用范围,取决于它被定义的位置。如果定义在程序包中,常量具有最大的全局化特征,可用在调用此程序包的所有实体中;如果定义在设计实体中,则有效范围为这个实体的所有结构体中;如果常量定义在设计实体的某一个结构体中,则只能用于此结构体;如果定义在结构体的某一个单元(如进程)中,则这个常量只能用在这个进程中。这一规则与信号的可视化规则是完全一致的。

(2) 变量 VARIABLE

在 VHDL 语法规则中,变量是一个局部量,只能在进程和子程序中使用。变量不能将信息带出对它做出定义的当前设计单元。变量的赋值是一种理想化的数据传输,是立即发生,不存在任何延时的行为。变量常用在实现某种算法的赋值语句中,其主要作用是在进程中作为临时的数据存储单元。

定义变量的格式如下:

```
VARIABLE 变量名 : 数据类型 : = 初始值;
```

例如:

```
VARIABLE a : STD _ LOGIC;
VARIABLE b : INTEGER : = 3;
```

定义 a 为标准逻辑位类型;b 为整型,它的初始值为3。

变量的初始值是一个和变量类型相同的数值或全局静态表达式,此初始值不是必须的,由于硬件电路上电后的随机性,VHDL 综合器会忽略掉所有的初值。

变量赋值的格式如下:

```
目标变量名 : = 表达式;
```

通过赋值操作,一个新的变量值的获得是立刻发生的,目标变量可以是单值变量,也可以是一个变量的集合。例如:

```
VARIABLE x, y : INTEGER RANGE 255 DOWNTO 0;
VARIABLE a, b : STD _ LOGIC _ VECTOR(0 TO 7)
x: = 50;                                          --整数赋值
y: = 2 + x;                                       --表达式赋值
a: = b;
a: = "100101";                                    --位矢量赋值
A(2 TO 6) : = ('1', '0', '0', '1', '1');          --段赋值
A(0 TO 4) : = B(2 TO 6);
A(5) : = '0';                                     --位赋值
```

VHDL'93 支持共享变量,它具有某种全局性的特征,可以在进程和子程序中定义,也可以在结构体、块或程序包中定义。但目前大多数仿真和综合软件都不支持共享变量。其定义如下例:

```
SHARED VARIABLE a : INTEGER RANGE 0 TO 15;
```

(3) 信号 SIGNAL

信号是描述硬件系统的基本数据对象,它类似于连接线,可以作为设计实体中并行语句模块间的信息交流通道。在 VHDL 中,信号及其相关的信号赋值语句、决断函数、延时语句等很好地描述了硬件系统的许多基本特征。如硬件系统运行的并行性、信号传输过程中的惯性延迟特性、多驱动源的总线行为等。

信号可以看成是一种容器,不但可以容纳当前值,也可以保持历史值。该属性和触发器的记忆效应有很好的对应关系。

定义信号的格式如下:

```
SIGNAL 信号名: 数据类型 : = 初始值 ;
```

信号的初始值也不是必须的,且初始值只在行为仿真时有效。

与变量相比,信号的硬件特性更为明显,它具有全局性特征。例如,在实体中定义的信号,在其对应的结构体中都是可见的,即在整个结构体中的任何位置,任何语句结构都可以获得同一信号值。例如:

```
SIGNAL x, y : INTEGER RANGE 255 DOWNTO 0;
SIGNAL a, b : STD _ LOGIC _ VECTOR(0 TO 7);
```

【注意】 信号的使用范围是实体、结构体和程序包,在进程和子程序等顺序语句中不允许定义信号。而且,在进程中只能把信号列入敏感信号表,而不能把变量列入敏感信号表。可见进程只对信号敏感,而对变量不敏感,这是因为只有信号可以把信息带到进程内部或带出进程。

当信号定义好了数据类型和表达方式之后,就可以在 VHDL 设计中对信号进行赋值操作了。信号赋值的一般格式如下:

```
目标信号名 <= 表达式;
```

这里的表达式可以是一个运算表达式,也可以是一种数据对象(变量、常量或信号)。符号 <= 表示赋值操作,即将数据信息传入。数据信息的传入可以设置延时量,因此目标信号获得传入的数据并不是即时(即零延时)的,而是要经历一个特定的延时过程。因此,符号 <= 两边的数值并不总是一致的,这与实际器件的传播延迟特性十分接近,显然与变量的赋值过程有很大差别。所以,赋值符号用 <= 而非∶=。但需注意,信号的初始赋值符号仍是∶=,这是因为仿真的时间坐标是从初始赋值开始的,在此之前无所谓延时时间。

信号的赋值可以出现在一个进程中,也可以直接出现在结构体中,但它们的含义并不一样。前者属顺序信号赋值,这时的信号赋值操作要视进程是否已被启动而定;后者属于并行信号赋值,其赋值操作各自独立并发地执行。

在进程中,可以允许同一信号有多个驱动源(赋值源),即在同一进程中存在多个表达式对同一信号赋值。其结果只有最后的赋值语句被启动,并进行赋值操作。

```
--例 4.30
SIGNAL a, b, c, y, z :INTEGER;
... ...
PROCESS(a, b, c)
BEGIN
  y <= a * b;
  z <= c - x;
  y <= b;
END
```

上例中,a、b、c 被列入了敏感列表中,当进程被启动后,信号赋值自上而下地被执行,但第一项赋值并不会发生,因为 y 的最后一个驱动源是 b,因此,b 赋值给了 y。但是在并行语句中,不允许如上例所示的存在同一信号多个驱动源的情况。

(4) 进程中的信号和变量赋值语句

① 一般从硬件电路系统来说,变量和信号相当于逻辑电路的连线和连线上的信号值,而常量相当于电路中的恒定电平,如 VCC 和 GND。

从行为仿真和 VHDL 功能上来看,信号与变量有如下的差别:

(Ⅰ)信号可以设置延迟量,但是变量不可以;

(Ⅱ)变量只能作为局部信息的载体,而信号可以作为模块间的信息载体。

但是,仅仅从行为仿真的角度来考虑是不够的,在很多时候,变量和信号综合出来的逻辑电路没有差别。例如,在满足一定的条件时,综合后变量和信号都可以引入寄存器。关键在于它们能够接受赋值这一共性,VHDL 综合器是不考虑它们在接受赋值的时候存在的延时特性,只有 VHDL 行为仿真器才会去考虑。

②我们可以根据表 4.5 从以下的几个方面更好地理解信号与变量。

表 4.5 信号与变量的功能比较

	信号(SIGNAL)	变量(VARIABLE)
基本用法	作为电路中的信号连线	作为进程中局部数据存储单元
适用范围	在整个结构体内的任何地方都能适用	只能在所定义的进程中使用
行为特性	在进程的最后才对信号赋值	立即赋值

(Ⅰ)信号赋值需要一个 δ 延时,例如,当执行语句 A <= D 时,D 向 A 赋值是在一个 δ 延时后发生的。

(Ⅱ)在进程中,所有赋值语句(包括变量赋值)都是在一个?? 延时之内完成的,而且在进

程中的所有信号赋值语句在进程启动的一瞬间立即执行赋值操作,但是须在一个?? 延迟之后
完成赋值(即赋值对象的值发生更新),并且必须在遇到 END PROCESS 时发生。

（Ⅲ）当在进程中存在同一信号有多个赋值时,实际完成赋值操作的是最接近 END PRO-
CESS 的那个赋值。

```
--例4.31 信号与变量赋值
SIGNAL in1,in2,e1, … …: STD_LOGIC ;
    … …
PROCESS(in1,in2, … …)
VARIABLE c1,… …: STD_LOGIC_VECTOR(3 DOWNTO 0) ;
  BEGIN
    IF in1 = '1' THEN … …                    -- 第 1 行
      e1 <= "1010" ;                          -- 第 2 行
      … …
    IF in2 = '0' THEN … …                    -- 第 15 + n 行
      … …
      c1 := "0011" ;                          -- 第 30 + m 行
      … …
    END IF;
END PROCESS;
```

如例4.31所示,在 VHDL 的顺序语句部分执行不耗费时间,所以在顺序语句部分,不论有
多少语句,都必须在到达"END PROCESS"时,δ延时才发生,模拟器时钟才开始向前计时。设
例4.30的进程在 2 ns + δ 时被启动,在这个δ时间内进程的所有语句都被执行完,在 2 ns + δ
时刻,信号 e1 被赋值为 1010,变量 c1 被赋值为 0011,但是信号在 2 ns + 2δ 时刻才更新,而变量
c1 在赋值的瞬间(即在 2 ns + δ 时刻)即被更新,其值为 0011。显然尽管 c1 的赋值语句排在了
e1 的后面(假设第 30 + m),但 c1 获得 0011 的时刻比 e1 获得 1010 的时刻早了一个 δ。

4.7 移位寄存器

移位寄存器在微处理器的算术或逻辑运算中是一个基本的部件,它的移位方式有向左、向
右移位。如图 4.28 所示是 4 位右移的移位寄存器,而其中的组成组件是 D 触发器。

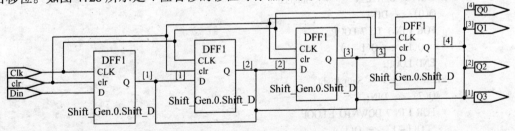

图 4.28 4 位右移移位寄存器

如图 4.28 所示,DIN 信号由 Q3 对应的触发器输入后,每隔一个时钟脉冲信号就向右传递
一个触发器。而且在第 4 个时钟脉冲信号时,DIN 信号就可以传递至 Q0。

因为图 4.28 是由高位 Q3 往低位 Q0 移位,所以称它为右移移位寄存器。当然,若改成 Q0
往 Q3 移位,则称为左移移位寄存器。

如图 4.29 所示为 4 位右移寄存器的时序波形图。

例 设计 8 位双向移位寄存器。

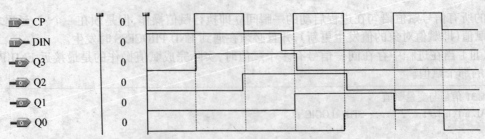

图 4.29   4 位右移寄存器的时序波形图

(1)设计的是双向移位寄存器,所以引入了一个控制信号 DIR,并且假设 DIR = 0 时,电路向左移位;DIR = 1 时,电路向右移位。

(2)每个脉冲上升沿之际,才按序移位一次。

```
--例 4.32 双向移位寄存器
LIBRARY IEEE;
USE IEEE. STD _ LOGIC _ 1164. ALL;
USE IEEE. STD _ LOGIC _ ARITH. ALL;
USE IEEE. STD _ LOGIC _ UNSIGNED. ALL;

ENTITY bishr IS
    PORT(
            CP  : IN STD _ LOGIC;           -- Clock
            DIN : IN STD _ LOGIC;           -- I/P SIGNAL
            DIR : IN STD _ LOGIC;           -- Shift Control
            OP  : OUT STD _ LOGIC           -- Shift Result
        );
END bishr;

ARCHITECTURE a OF bishr IS
    SIGNAL Q : STD _ LOGIC _ VECTOR(7 DOWNTO 0); --Shift Register
BEGIN

        PROCESS(CP)
        BEGIN
            IF CP'event AND CP = '1' THEN
                IF DIR = '0' THEN          -- Shift Left
                  Q(0)  <=  DIN;
                  FOR I IN 1 TO 7 LOOP
                    Q(I)  <=  Q(I-1);
                  END LOOP;
                ELSE                -- Shift Right
                  Q(7)  <=  DIN;
                  FOR I IN 7 DOWNTO 1 LOOP
                    Q(I-1)  <=  Q(I);
                  END LOOP;
                END IF;
              END IF;
        END PROCESS;
        OP  <=  Q(7) WHEN DIR = '0' ELSE        --Output
                Q(0);
END a;
```

程序说明：

（1）上述程序通过 IF – ELSE 命令判断移位方向的控制信号 DIR 是 0 或 1，进而决定是进行右移还是左移动作。

（2）同时使用 WHEN – ELSE 并行语句，若 DIR = '0'，传递 Q(7)为最后移位结果；反之，传递 Q(0)为最后移位结果。

（3）程序中用到了 FOR – LOOP 结构，它是一个循环语句，作用是使一组顺序语句被反复循环执行。其语法格式如下：

> [LOOP 标号:] FOR 循环变量 IN 循环次数范围 LOOP
> 　　　　　顺序语句
> 　　　　END LOOP [LOOP 标号]

FOR 后面的循环变量是一个临时变量，属于 LOOP 语句的临时变量，不必事先定义。但这个变量不能被赋值，它由 LOOP 语句自动定义。使用时注意不要在循环体内再使用其他与此循环变量同名的标识符。

循环次数范围规定 LOOP 语句中的顺序语句的循环次数。循环变量由初值开始，每执行完一次顺序语句变化 1，直至达到顺序语句指定的末值。循环次数范围一般有两种形式：

> [LOOP 标号:] FOR 循环变量 IN 起始值 DOWNTO 结束值 LOOP 　　--循环变量递减
> 　　　　　顺序语句
> 　　　　END LOOP [LOOP 标号]

> [LOOP 标号:] FOR 循环变量 IN 起始值 TO 结束值 LOOP 　　　--循环变量递增
> 　　　　　顺序语句
> 　　　　END LOOP [LOOP 标号]

例 4.32 中 FOR I IN 1 TO 7 LOOP 中的循环变量为 I，它的起始值为 1，每循环一次，I 增加 1，直到达到结束值，循环结束。

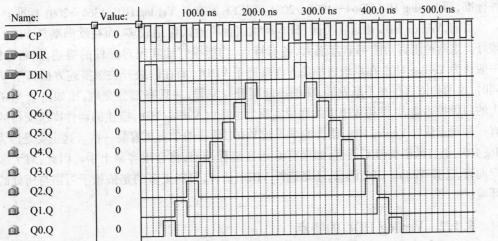

图 4.30　8位双向移位寄存器的时序波形图

第5章

Verilog 语言

内容提要：Veilog HDL 是应用极为广泛的另一种硬件描述语言，同 VHDL 语言一样，具有极大的硬件描述能力，既可以描述系统级电路，也可以描述门级电路；既可以采用行为描述方式，寄存器传输(RTL)描述方式，结构描述方式，也可以采用三者结合的方式，并且也已经成为 IEEE 标准。本章通过具体的实例讲解 VHDL 中的语法现象，使读者快速了解 Verilog 的语法和结构。

5.1 Verilog 概述

5.1.1 Verilog HDL 历史与简介

Verilog HDL 主要经历了几个发展时期。1983 年，GDA(Gateway Design Automation)公司为其模拟器产品开发了一种硬件建模语言——Verilog。此后不断丰富其模拟、仿真能力，使得 Verilog HDL语言迅速发展。1989 年 Cadence 公司收购了 GDA 公司，Verilog HDL 语言成为 Cadence公司的私有财产。1990 年 Cadence 公司公开了该语言并成立了一个非盈利国际组织 OVI(Open Verilog International)，OVI 负责推广 Verilog HDL，并于 1995 年使其为 IEEE 接受成为一种标准，即 Verilog HDL 1364—1995。2001 年 IEEE 发布了 Verilog HDL 1364—2001 标准。

目前，Verilog HDL 语言在美国、日本和我国台湾地区应用较多，而在欧洲则是 VHDL 发展较好。这两种语言功能都非常强大，各有特点，均能很好地实现对硬件的描述，但略有区别。一般认为 Verilog HDL 在系统级抽象方面略逊于 VHDL，而在门级开关级描述方面强于 VHDL。同时，这两种语言也在不断发展，功能不断提升与完善，并且有部分交融，比如由于 Verilog 强大的门级描述能力，使得 VHDL 的底层实质上也是由 Verilog HDL 描述的器件库所支持的。还有一种观点认为 Verilog HDL 语言的学习较 VHDL 语言的学习更容易一些。这主要是因为 Verilog HDL 语言风格类似 C 语言，如果有 C 语言编程基础，将会很容易上手。因此，对大多数用户而言，选择 Verilog HDL 语言，还是选择 VHDL 语言，可能更多的是依赖于习惯与所处的工作环境。

5.1.2 Verilog HDL 的特点

Verilog HDL 语言和 C 语言在很多语法方面相似，比如 Verilog HDL 中也有 if – then – else 结

构语句、for 语句、while 语句、break 语句,以及 int 变量类型、函数使用等,并且语言风格类似。但是 Verilog HDL 语言从根本上说是一种硬件描述语言,它和 C 语言有着本质的区别。最显著的区别在于 C 语言中程序是顺序执行的,只有执行完当前的语句,才能执行下一条语句。而 Verilog 语句是并发执行的,同一时间内电路的多个支路(相当于多条语句)可能同时执行,因此,初学者往往容易概念不清,使得设计电路出现冲突。

其次,硬件设计语言具有时序的概念,硬件电路输入到输出总是存在延迟,而 C 语言作为一种编程语言是没有这种概念的。

此外,C 语言使用广泛,编译查错环境完善,输入输出功能强大,调试与使用非常灵活,而 Verilog HDL 语言却有诸多限制,语法规则严格,查错仿真功能差,错误信息不完整,需要时刻从硬件的角度考虑整个程序,因此特别需要使用者具有数字电路方面的知识。

但 Verilog HDL 更有其自身的特点,这里仅列出部分:

(1) 内置了开关级元件。如 pmos 和 nmos 等,可以进行开关级建模。

(2) 内置了各种逻辑门。如 and、or、nand 等都内置在语言中,可方便地进行门级结构描述。

(3) 用户可以灵活地创建原语(UDP)。原语可以是组合逻辑的原语或时序逻辑的原语。

(4) 可以指定设计中的端口到端口的延迟时间、路径延迟时间和设计的时序检查。

(5) 可通过编程语言接口(PLI)进一步扩展。PLI 允许外部函数访问 Verilog HDL 模块内信息,允许设计者与模拟器交互。

(6) 提供强有力的文件读写能力。

5.1.3　Verilog HDL 语言的描述风格

1. Verilog 模型的抽象层次

Verilog 模型是实际电路不同级别、不同层次、不同程度上的抽象,可以分为系统级、算法级、RTL 级、门级和开关级 5 个层次。

(1) 系统级(System – Level)模型。指用语言提供的高级结构能够实现所设计模块的外部性能的模型。

(2) 算法级(Algorithm – Level)模型。指用语言提供的高级结构能够实现算法运行的模型。

(3) RTL 级(Register Transfer – Level)模型。指描述数据在寄存器之间的传输和如何处理控制这些数据传输的模型。综合工具能够把 RTL 描述翻译到门级,因此这一级更常见的情况是由 EDA 工具而非设计者使用。

(4) 门级(Gate – Level)模型。指描述逻辑门与逻辑门之间连接的模型。

(5) 开关级(Switch – Level)模型。指描述器件中三极管和存储节点及它们之间连接的模型。

其中,系统级、算法级、RTL 级都属于行为型描述,并且只有 RTL 才与逻辑电路有明确的对应关系。抽象层次越高,描述越灵活,越不依赖设计技术,一个语言上微小的改动可能造成实际电路中大的改变(如使用资源)。

2. Verilog HDL 语言的描述风格

Verilog HDL 语言的描述风格,或者说描述方式,又可分为三类:行为型描述、结构型描述与数据流型描述。

（1）行为型描述指对行为与功能进行描述，它只描述行为特征，而没有涉及用什么样的时序逻辑电路来实现，因此是一种使用高级语言的方法，具有很强的通用性和有效性。

（2）结构型描述指描述实体连接的结构方式，它通常通过实例进行描述，将 Verilog 已定义的基元实例嵌入到语言中。

（3）数据流型描述指通过 assign 连续赋值实现组合逻辑功能的描述。

这三种方式中，行为型描述方式注重整体与功能，语句可能更简略，但写出来的语句可能不能被硬件所实现，即不能被综合。门级开关级结构型语句通常更容易被综合，但可能语句显得更复杂。在实际开发中往往结合使用多种描述方式。

5.2   Verilog HDL 结构

下面通过几个例子介绍 Verilog HDL 语言的结构。

5.2.1   组合逻辑：二选一选择器

例 5.1 和例 5.2 为二选一数据选择器的两种描述方式：例 5.1 为行为型描述方式，例 5.2 为数据流型描述方式。

```
//例 5.1    二选一选择器
module Mux21 (a,b,s,y);        //----------------1
    input a,b;
    input s;
    output y;                  //----------------2
    assign y=(s==0)? a : b;    //----------------3
endmodule                      //----------------4
```

```
//例 5.2
module Mux21 (a,b,s,y);        //----------------1
    input a,b;
    input s;
    output y;
    wire d,e;                  //----------------2
    assign d = a & (~s);
    assign e = b & s;
    assign y = d | e;          //----------------3
endmodule                      //----------------4
```

从这两个例子中我们可以了解 Verilog 程序的基本结构。所有的程序都置于模块（module）框架结构内。模块是 Verilog 最基本的构成单元。一个模块可以是一个元件或者一个设计单元。类似于函数调用在程序中的作用，底层模块通常被整合在高层模块中提供某个通用功能，可以在设计中多处被使用。高层模块通过调用、连接底层模块的实例来实现复杂的功能，调用时只需要定义输入输出接口，而不用关注底层模块内部如何实现，这为程序的层次化与模块化提供了便利，利于分工协作与维护。

Verilog 中模块是通过一对关键词 module 和 endmodule 定义的，分别出现在模块定义的开始和结尾：

```
module <模块名>（模块端口列表）
    <申明>
    <功能描述>
endmodule
```

其中，模块名是该模块的唯一标识符。端口列表列举了该模块与外部电路连接的所有端口（输入、输出及双向端口）。模块的内容包括两个部分，即申明部分与功能描述部分。而申明部分又包括 I/O 端口申明和模块内部用到的变量的申明；功能描述部分定义了模块的功能，是模块最重要的部分。

上面的例子中,程序行 1 为模块定义关键词 module、模块名和模块端口列表,其后以分号结尾。

该模块共包括 4 个端口:输入端口 a、b、s 和输出端口 y。这 4 个端口在程序接下来的部分得到了进一步申明(行 1、2 之间)。

Verilog 端口类型只有 input(输入)、output(输出)和 inout(双向端口)三种。

端口类型申明描述了端口信号的传输方向。

除了模块端口列表中的端口需要明确申明外,模块中用到的变量都需要申明。Verilog 中的变量类型有网表类型(net)和寄存器(reg)类型两类,每一类又可细分为多种,比如网表型可有 wire、tri、tri1、supply0、wand、triand、tri0、supply1、wor、trior 和 trireg 等类型,而寄存器型有 reg、integer、real、time 和 realtime 等类型。

网表型变量类型代表了构造实体(比如逻辑门)之间的物理连线。一个网表变量不能保持数据(除了 trireg net 型)。网表变量可通过连续赋值语句(assign 语句)或逻辑门驱动,并且需要驱动源的持续驱动,当驱动源的值改变时,它的值也随之改变。如果一个网表没有和任何驱动源相连,则其值为高阻态(z)。wire 型网表是应用频率最高的网表型数据,它用于单个门驱动或者连续赋值语句驱动,其他类型用于多个源驱动及模拟一些线路逻辑。

模块的功能在定义部分完成之后进行描述(行 2、3 之间)。assign y = (s == 0)? a:b;为一条连续赋值语句。连续赋值语句能够给网表变量(包括矢量及标量类型)赋值。只要等号右边的表达式值发生变化,这种赋值行为就会立刻发生。连续赋值语句能模拟组合逻辑,它不使用逻辑门实例,作为替代,使用了算术表达式。连续赋值可以在变量申明的时候进行(如 wire y = (s == 0)? a:b;),也可通过特定的赋值语句(assign 语句)实现,如该例所示。

s == 0? a:b 为一条件表达式。式中条件操作符"?:"为三目操作符,由两个操作符隔离三个操作数构成:

表达式 1? 表达式 2: 表达式 3

执行操作时,首先会计算表达式 1 的值,如果表达式 1 的值为 0,那么将计算表达式 3 的值,作为条件表达式的最后结果;如果表达式 1 的值为 1,则计算表达式 2 的值,并作为条件表达式最后的结果。

因此,例 5.1 中"程序行 3"功能是给 wire 型变量 y 赋值,当 s 为逻辑 0 时,y 状态和 a 相同,否则和 b 相同,实现了二选一数据选择器功能。

模块结束行(4)用关键词 endmodule 标志模块的结束,应注意其后无分号。

一个 verilog 源文件必然包含一个顶层模块,顶层模块不用被实例化,处于整个系统的最上层,在其内部可以调用多个底层模块的实例。

【注意】Verilog 模块中模块功能描述部分只允许存在三类描述语句:过程块(initial 块、always 块)、连续赋值语句(assign)和实例引用语句。这三者是并行的,表示实际电路的连线方式,与它们在模块中出现的先后顺序无关。上面的例子中我们已经看到了连续赋值方式(assign)实现的电路,下面再通过实例引用语句设计实现同样功能的电路,如例 5.3 所示。

```
//例5.3
module Mux21 (a,b,s,y);
    input a,b;
    input s;
    output y;
    wire d,e,ns;
    not gate1(ns,s);
    and gate2(d,ns,a);
    and gate3(e,s,b);
    or gate4(y,d,e);
endmodule
```

例5.3中调用了多个底层模块的实例。调用模块(及 Verilog 中的基元)的过程,称为实例化。调用完之后,这些电路中的模块单元称为实例(Instance)。每个实例有其自身的名称、变量、参数及接口。实例的使用格式为:

<模块名> <实例名> <端口列表>;

例5.3调用了非门、与门和或门的实例。"not gate1(ns,s)"表明调用了一个 not 模块的实例,实例名为"gate1",它的接口有 ns 和 s 两个信号。"not"模块在 Verilog 中已预定义,这种 verilog 中已定义的功能模块称为基元(primitive),基元在实例化时可省略实例名,如 not(ns,s)。

又比如"Mux21 my_mux(d0,d1,sig,out)"表明调用了一个 Mux21 的实例,实例名为"my_mux",对应接口有 d0、d1、sig 和 out。一条语句可以多次调用某个模块的实例,比如:

```
wire d0, d1, sig1, out1;
wire d2, d3, sig2, out2;
Mux21 my_mux1(d0, d1, sig1, out1),
      my_mux2(d2, d3, sig2, out2);
```

采用上面讲的这种实例化方式,应注意端口列表里端口的顺序和模块申明时端口的顺序一致。除了这种方式,还可以采用其他的端口引用方式,即通过端口名引用,例如:

```
Mux21 my_mux1(.y(out1), .a(d0), .b(d1), .s(sig1));
Mux21 my_mux2(.a(d0), .b(d1), .s(sig1));
```

可以看到这种引用端口的方式比较自由,端口出现次序可以不用考虑模块申明时的次序,避免出错。而且采用这种方式时,如果有的端口并没有和外部连接,则可以直接省略该端口。

【注意】模块的定义与实例既有联系又有不同。模块的定义只是说明该模块的功能与接口,它只提供了一个模板,它要在电路中获得实际应用与实现需要被调用(实例化)。Verilog 中不允许嵌套定义模块,即一对 module 和 endmodule 之间只能定义一个模块。但一个模块内可以通过实例的方式多次调用其他模块。

5.2.2 同步时序:D触发器

同样,通过例5.4可以看到程序结构基本相同,都由模块关键词(module – endmodule)把程序包含在其内。程序开始部分仍然是端口申明和变量申明。

```
//例 5.4
module d_ff(q,qb, d, clk);          //----------------1
output q, qb;
input d,clk;
reg q;                              //----------------2
always @(posedge clk)               //----------------3
begin                               //----------------4
     q=d;                           //----------------5
     qb=~q;                         //----------------6
end                                 //----------------7
endmodule;                          //----------------8
```

　　程序行 2 中我们看到了另一种变量类型:寄存器型变量类型。它代表了数据的存储单元,其类型定义的关键词是 reg.一个寄存器能够保持其最后一次的赋值,不需要驱动源,和网表型变量是有很大区别的,综合时可能被优化掉,也可能被综合成锁存器、触发器等。reg 型变量初始化后默认值是未知的,即 x。需要注意的是,寄存器只能在 always 语句和 initial 语句中通过过程赋值语句(使用符号" <= "或者" = ")进行赋值,此时赋值语句的作用如同改变一组触发器的存储单元的值。

　　程序行 3 为 always 结构,后面跟了一个时间控制语句。过程块 always 结构将重复连续执行,持续整个模拟过程,具有循环特性,因此只用在一些时间控制场合。

　　Verilog 中有两类时间控制方式:第一类通过延时表达式(关键词" # ")实现,可以通过表达式定义程序执行到该语句到该语句确实被执行的延迟时间,程序将以此推迟语句的执行时间。如果定义延时的表达式的值未知或者为高阻值,它被认为是 0 延迟;如果延迟表达式值为负值,则被当作无符号整数(负数的补码形式)处理。延迟表达式可以是电路状态变量的动态函数,也可以是确定的数值。但应注意,延迟控制是不能被综合器综合的,因而主要用于测试模块及仿真调试中。在测试模块中定义激励波形描述时,延迟控制是其重要的特点。例如:

```
#20 b = a;             //延时 20 个时间单位
# (a + b) b = a;       //延时(a + b)个单位
always  # per areg =  ~ areg;    //产生一个方波,周期为 2 倍 per
```

　　第二类时间控制通过事件表达式(关键词"@")实现,它允许执行语句延时,直到某模拟事件的发生,例如网表或者寄存器的值改变。因此网表或者寄存器值发生改变的事件可用来触发语句的执行,还可指明触发信号变化的方向,是变为 1(上升沿)还是变为 0(下降沿)。

　　下降沿触发指变量值从 1 变为 x、z 或者从 x、z 变为 0,用 negedge 表示。上升沿触发指变量值从 0 变为 x、z;或者从 x、z 变为 1,用 posedge 表示,见表 5.1。

表 5.1　上升沿和下降沿

From \ to	0	1	x	z
0	NO	posedge	posedge	posedge
1	negedge	NO	negedge	negedge
x	negedge	posedge	NO	NO
z	negedge	posedge	NO	NO

　　如果表达式结果为矢量,那么边沿事件会在最低有效位检测,其他位的变化不会对检测产生影响。下面为事件表达式时间控制结构示例:

```
@clk b = a;              //clk 值一旦改变即会执行 b = a,这种方式也称为电平触发
@( posedge clk) b = a;   //clk 的上升沿触发 b = a 事件,这种方式也称为沿触发
```

通过 or 操作符,可以获得事件的或逻辑,只要有一个事件发生,就能触发相应过程语句的执行。例如:

```
@(clk _ a or clk _ b) b = a;
@(posedge clk _ a or posedge clk _ b or en _ tr) b = a;
```

因此,例 5.4 的程序行 3 的功能为循环检测,只要 clk 的上升沿到达就执行相应语句。always结构为过程块,结构中的语句也称为过程语句,如果语句超过一句,则需要用关键词 begin – end 把它们包括起来组成一个块语句。

块语句指两个或更多的一组语句组合,在语句构成上类似于一单条的语句。"begin – end"块为一种块语句,即顺序块语句,以关键词 begin 和 end 界定,块中的过程语句将按照出现的先后顺序执行。顺序块有如下特点:语句按先后顺序执行;如果语句有延时控制,则其延迟起始时刻为上条语句的执行时间;最后一条语句执行完后,该块语句将失去控制权,即程序将跳出该块语句。例:

```
begin
    a = b;
    @(posedge clk) c = a;
end
```

执行上面两条语句时,首先执行第一条语句,然后等待,直到 clk 上升沿到来时执行第二条语句,对 c 进行赋值。

因此,例 5.4 的程序行 4、5 执行时,首先把 d 的值赋给 q,然后把更新后的 q 值赋给 qb,这种过程块中通过" = "进行赋值的方式称为阻塞过程赋值。一条阻塞过程赋值语句执行完后,才能执行相同顺序块中接下来的语句。这个过程是发生在 clk 的上升沿到来时,整个 always 块构成了 D 触发器的逻辑功能描述。

除了阻塞过程赋值,过程块中的赋值还包括非阻塞过程赋值(符号" <= ")等,它们统称为过程赋值。过程赋值语句用来更新寄存器类型变量的值。过程赋值与例 5.1、例 5.2 中所使用的连续赋值区别是非常明显的:连续赋值用于驱动网表变量,一旦输入操作数改变,数据便会更新;过程赋值用于过程块中给寄存器赋值,在过程结构控制下更新相关寄存器的值。语法上,过程赋值同连续赋值语句类似,但是不需要关键词 assign,右边仍然可以为任意表达式,而左边则要求是寄存器类型变量。

阻塞过程赋值和非阻塞过程赋值这两种赋值语句在顺序块中执行的方式是不同的。顾名思义,阻塞过程赋值语句将阻塞进程,直到该赋值事件执行完才执行下一条语句,阻塞过程赋值语句格式为:

```
b = a;
```

b 为赋值对象," = "为赋值操作符。阻塞赋值语句也可通过延时(如 # per,延迟 per 个单位时间)或者事件(如@(posedge clk),clk 的上升沿)控制其执行时间,只有在执行时刻才计算等号右边的表达式值,并赋值给左边。例:

```
always@( posedge clk)
begin
    Q = D;
    B = Q;
end
```

在 clk 时钟的下降沿，Q = D 和 B = Q 两条语句是先后执行的，最后结果相当于 $Q_{n+1} = D_n$，$B_{n+1} = Q_{n+1} = D_n$。

与阻塞过程赋值语句不同，非阻塞过程赋值语句不会阻塞进程，直到整个块的操作执行完才一次完成赋值操作。非阻塞过程赋值语句往往用于几个寄存器需要同一时刻赋值的情况，程序运行到一条非阻塞过程赋值语句时，将产生一个赋值事件，但并不立刻执行该赋值操作，而是继续往下执行，当整个块操作执行完之后，再一起执行所有的这些赋值事件。非阻塞赋值语句语法为：

```
b <= a;
```

其中" <= "是非阻塞赋值操作符。例：

```
always@( posedge clk)
begin
    Q <= D;
    B <= Q;
end
```

上面的例子中，执行到 Q <= D 语句时，并不阻塞进程立刻进行该赋值操作，而是整个 begin - end 块执行完后，才一起同时对 Q、B 赋值，因此相当于 $Q_{n+1} = D_n$，$B_{n+1} = Q_n = D_{n-1}$。

一个过程块中可包含阻塞型与非阻塞型两种过程赋值，例如：

```
begin
    a = 0;              //a 值为 0
    b = 1;              //b 值为 1
    a <= b;             //a = 0, b = 1
    b <= a              //a = 0, b = 1
end                     //一起执行赋值操作，因此 a = 1, b = 0
```

但是这种方式容易产生逻辑上的混淆，设计上和阅读上都产生不便，因此推荐的做法是阻塞型过程赋值和非阻塞型过程赋值分开，同一个过程块中仅使用同一种类型的过程赋值语句。另外，当右端数据的位数与左边变量不等时，对 reg 变量类型赋值和对 real、realtime、time 或者 integer 变量赋值是不一样的，对 reg 赋值不会进行带符号的扩展。

这里对过程赋值和连续赋值（assign）总结一下：连续赋值语句驱动网表的方式类似于逻辑门驱动网表，等式右边的表达式可以认为是一个驱动网表连续变化的门电路。与之对比，过程赋值是把值放入寄存器，这种赋值方式显然没有持续时间的概念，它将保持当前赋值直到下次被赋值。

过程赋值语句发生在过程块中，比如 always、initial、task 及 function 等中，可以看成触发方式的赋值，当程序执行到这条过程语句时，触发便会发生。程序能否执行这条语句可以通过条件进行控制。时间控制、延迟控制、if 语句、case 语句、循环语句等都可以用来控制过程赋值。

5.2.3　Verilog 的基本规范

1.空白符

Verilog 中的空白符包括空格符、制表符、换行符和分页符等。同 C 语言一样,空白符(在字符串中的除外)在编译仿真时会被忽略,在程序中只起分隔的作用,使排版和结构清晰,便于阅读,提高程序的可读性。因此,程序中加入适当的空白符是非常必要的。

2.注释

程序往往需要添加一些注释行,解释程序段的作用,标记与程序有关的信息等,以便于阅读查证。添加注释行是一种非常好的编程习惯。注释行同样会被编译器和仿真器所忽略,程序员可以在任意地方添加注释。Verilog 中可以以两种方式进行注释:

(1)以"∥"进行单行注释。这种方式表明自"∥"开始,到该行结束,都被认为是注释。这种注释方式最简单明晰。

(2)以"/ * "和" * /"进行多行注释。这两者之间的内容都会被认为是注释,不允许嵌套。这种方式比较灵活,允许注释多行,以及在一行中注释多处。

3.标识符与命名规则

标识符指程序中出现的各种对象,比如模块、端口、实例、程序块、变量、常量等的唯一名称。例如"module T_FF …;"定义了一个标识符 T_FF,又如"input a;"定义了标识符 a。有了标识符,这些对象就能在程序中方便地被引用。

Verilog 中标识符的命名是有一定规则的:标识符可以是任意字母、数字、美元符号" $ "和下划线"_";第一个字母不能为数字或" $ ",可以是字母或者下划线;标识符区分大小写。

标识符还可以反斜线字符(\ )开头,以空白符结尾,这种方式使标识符可以包含任意可印刷的 ASCII 字符。反斜线字符和最后的空白符不会被认为是标识符的一部分,如" \ myname"等同于"myname"。

4.关键词

关键词是 Verilog 中已经被使用的保留词,有其特定专用的作用,用户应避免定义与关键词相同的标识符。所有的关键词都是小写,不能以反斜线开头。

5.系统与预处理指令

系统指令(系统任务与系统函数)是以 $ 开头的某些标识符,例如 $ monitor、$ finish 等,通常用于调试和查错。预处理指令是以反引号" `"开头的某些标识符,例如`timescale、`ifdef 等,用以指示编译器执行某些操作。

5.3　运算符

在一条语句中,当需要一个值时,可以通过表达式获得。表达式由操作数和操作符(也称为运算符)组成,但任何一个合法的操作数,不需要操作符,也认为是一个表达式。

操作数可以是以下的任意一项:常量、网表变量、寄存器变量(reg、integer、time、real、real-time)、矢量(包括网表型和寄存器型矢量)的一位或多位、存储器(memory)、调用用户自定义函数或者系统定义函数返回的以上任意值。

表 5.2　Verilog 中的运算符

符号	名称
{},{{}}	拼接运算符
+ , - , * , / , %	算术运算符
> , >= , < , <=	关系运算符
! , && , ‖	逻辑运算符
== , ! = , === , ! ==	等式操作符
~ , & , | , ^ , ^~ , ~^	位操作(bit-wise)运算符
& , ~ & , | , ~ | , ^ , ~^ , ^~	缩减(reduction)运算符
<< , >>	移位操作符
?:	条件运算符
Or	事件操作符

5.3.1　算术运算符

双目(binary)算术运算符包括:

(1) 加法运算符" + ":如 a + b,表示 a 加 b。

(2) 减法运算符" - ":如 a - b,表示 a 减 b。

(3) 乘法运算符" * ":如 a * b,表示 a 乘以 b。

(4) 除法运算符"/":如 a/b,表示 a 除以 b。结果将忽略小数部分而只取整数部分。

(5) 取模(求余)运算符"%":如 a%b,表示 a 除以 b 的余数。a 和 b 都应该是整数,如果 a 被 b 整除,则结果为 0。结果的正负号同第一个操作数 a。

对于算术运算符,如果操作数是未知值 x 或者高阻态 z,那么最后结果都是 x。

单目运算符" + "(正)、" - "(负)的优先级别高于双目运算符。

算术运算符对不同类型数据的操作是有所区别的。reg 型数据、net 型数据和 time 型数据都被认为是无符号数,而 integer 型数据、real 型数据和 realtime 型数据是有符号数。

算术运算符的例子如下:

```
integer a;
reg [4:1] b;
a  =  - 4'd12/3    //结果为 - 4。
a  =  - 4'd12%3    //结果为 0。
b  =  - 4'd12%3    // - 4'd12 表示 12 的补数,且为 4 位数,因此是 4,故最后结果为 1。
```

5.3.2　关系运算符

Verilog 中包括 4 种关系运算符:

(1) < ,小于。如 a < b,表示 a 小于 b。

(2) > ,大于。如 a > b,表示 a 大于 b。

(3) <= ,小于等于。如 a <= b,表示 a 小于等于 b。

(4) >= ,大于等于。如 a >= b,表示 a 大于等于 b。

如果表达式的逻辑关系为真,则该运算结果为标量值 1,否则结果为标量值 0。如果操作数中有未知(x)或者高阻(z)的位,则逻辑关系将不确定,结果为未知值(x)。如果两个操作数的位数不等,少位数的操作数会在其最大有效位方向补零,以求位数一致。

所有的关系运算符有相同的优先级别。关系运算符的优先级别低于算术运算符。

5.3.3 等式运算符

等式运算符优先级低于关系运算符。等式运算符包括 4 种:

(1)a === b,a 等于 b,包括操作数为 x 和 z 的情况。

(2)a! == b,a 不等于 b,同样包括操作数为 x 和 z 的情况。

(3)a == b,a 等于 b,操作数包含 x 或者 z 时结果为未知(x)。

(4)a! = b,a 不等于 b,操作数包含 x 或者 z 时结果为未知(x)。

等式运算符将逐位比较操作数,位数不等时会自动补零对齐。如果比较失败(逻辑条件不满足),则结果为 0,否则为 1。

5.3.4 逻辑运算符

逻辑运算符包括与(&&)和或(∥),其中与逻辑优先级别高于或逻辑,但都低于关系和等式运算符。逻辑表达式的值可为 1(真)、0(假)和不确定值(x)。

此外还有一种单目的非逻辑运算符(!),非运算对非零值进行运算则得到 0,对 0 进行运算则得到 1,对不确定的值(x)进行运算则仍为 x。

逻辑运算符的例子如下:

```
A = b && c;
B = a ∥ c;
A < b - 1 && b! = c ∥ c! = d
```

对于上面第三个式子,逻辑关系比较多,为了使关系更清晰,推荐的写法是加上括弧"()",可写成((A < b - 1 &&(b! = c)) ∥ (c! = d)。

5.3.5 位操作符

Verilog 中位操作符是对操作数的每一位进行操作的运算符,共包括 5 个操作符:取反(~)、按位与(&)、按位或(|)、按位异或(^)、按位同或(^ ~ ,异或非,因异或与同或互为反的关系)。各位操作的结果按图 5.1 给出。

当操作数的位长度不相等时,位数少的操作数会在高位补零以补齐。

&	0	1	x	z
0	0	0	0	0
1	0	1	x	x
x	0	x	x	x
z	0	x	x	x

^	0	1	x	z
0	0	1	x	x
1	1	0	x	x
x	x	x	x	x
z	x	x	x	x

^~ ~^	0	1	x	z
0	1	0	x	x
1	0	1	x	x
x	x	x	x	x
z	x	x	x	x

|	0	1	x	z
0	0	1	x	x
1	1	1	1	1
x	x	1	x	x
z	x	1	x	x

~	0	1
0	1	
1	0	
x	x	
z	x	

图 5.1　位操作逻辑运算

5.3.6　缩减(Reduction)操作符

缩减操作符包括 &、~ &、| 、^、~ ^、^~ 等,它是单目操作符,在一个操作数上进行位处理,最后得到 1 位(1 bit)的结果。操作的第一步为按照位操作相同逻辑表规则对操作数的第一位和第二位执行操作,第二步及剩下的步骤则将先前步骤中获得的位操作结果与该操作数下一位按照相同逻辑表进行相应的操作,直到操件数的最后一位。对于 ~ & 和 ~ | 缩减操作符,结果分别是 & 和 | 操作结果的反。

5.3.7　移位操作符

移位操作符 << 和 >> 将对其左边的操作数执行左移和右移操作,移动位数为其右边的操作数。两种移位操作都将在空余位置补零。如果右边的操作数有未知或者高阻态值,则结果将为未知数。移位操作符右边的操作数将被当作无符号数处理。移位操作在电路实现上复杂程度远低于乘法器和除法器,因此常用来代替乘 2 除 2 的操作,左移 1 位效果等同于乘 2,而右移 1 位效果等同于除 2。例如:

```
reg[3:0] a, b;
initial begin
    a = 1;            //a = 4'b0001
    b = (a << 2);     //b = 4'b0100
end
```

5.3.8 条件操作符

条件表达式:表达式 1? 表达式 2：表达式 3

条件表达式已经在前面有所介绍,这里补充的是,如果表达式 1 值未定(x 或者 z),则将同时计算表达式 2 和表达式 3 的值,并且把它们的计算结果按照表 5.3 逐位计算,作为条件表达式最后的结果。并且如果表达式 2 或者表达式 3 的结果为实数,则整个表达式结果为 0;如果表达式 2 或者表达式 3 计算结果长度不等,则长度短的操作数将在最高有效位方向填充 0 以补齐。

表 5.3　表达式 1 为 x 或 z 值时条件表达式的取值

?:	0	1	x	z
0	0	x	x	x
1	x	1	x	x
x	x	x	x	x
z	x	x	x	x

例:

wire [7:0] bus = en_bus ? data : 8'bz;

该表达式将根据使能信号 en_bus 确定是否驱动数据到 bus 线上。

5.3.9 拼接操作符(Concatenation)

拼接操作符将连接两个或者更多的表达式结果的各个位。其表达式由大括弧中的用逗号分割的表达式构成:

{表达式 1, 表达式 2 , ...}

Concatenation 表达式中不允许出现位长度不确定的实数,因为程序需要知道拼接结果的总位长度,这就需要知道每个操作数的位长度。

例如:

{a, b[1:2], c , 4'b0010}
{4{y}}

第一行等同于{a, b[1], b[2], c, 1'b0, 1'b0, 1'b1, 1'b0},第二行是嵌套反复多次调用,它等同于{y, y, y, y}

5.3.10 运算符的执行顺序

表达式中运算符将按照表 5.4 中的优先级别顺序执行。在关系复杂时建议用括弧进行分割。

表 5.4　运算符优先级别

运算符	优先级别
+ - ! ~（单目）	最 高
**	
* / %	
+ -（双目）	
<< >> <<< >>>	
< <= > >=	
== != === !==	
& ~ &	
^ ^~ ~^	
| ~|	
&&	
||	
?:（条件运算符）	最 低

如果表达式的值能提前确定,那么不会再计算整个表达式的值,这种情况称为表达式运算"短路"。如:

```
reg a, b, c, d;
d = a & (b|c);
```

如果已经知道 a 是 0,那么整个表达式的结果将被其确定,无需再计算 b|c 的值。

5.4　数据选择器

数据选择器是比较简单的组合逻辑电路,其实现方法比较多样,这里以数据选择器为例,引出较多的语法现象。4 选 1 数据选择器功能为:4 个数据输入端口 in0、in1、in2、in3,也称为输入变量,两位选择变量 sel,数据输出端 out,其功能表见表 5.5。

表 5.5　4 选一数据选择器功能表

sel		out
0	0	in0
0	1	in1
1	0	in2
1	1	in3

5.4.1 case 语句描述的 4 选 1 数据选择器

```
//例 5.5
module mux4 _ 1(out,in0,in1,in2,in3,sel);
output out;
input in0,in1,in2,in3;
input[1:0] sel;
reg out;

always @(in0 or in1 or in2 or in3 or sel)        //敏感信号列表
case(sel)
  2'b00: out = in0;
  2'b01: out = in1;
  2'b10: out = in2;
  2'b11: out = in3;
  default: out = 2'bx;
endcase
endmodule
```

程序说明:

1. 矢量类型

程序行"input [1:0] sel;"定义了一个矢量网表。Verilog 中如果一个网表型变量和寄存器型变量定义时没有指定位长度,则它被认为是 1 位标量,如果设定了位长度,则被认为是一个矢量。比如:

```
wire [7:0] bus;      //8 位矢量网表 bus
reg [0:40] addr;     //41 位矢量寄存器 reg
```

Verilog 中矢量被当作无符号数处理。矢量的定义可以是[高位:低位],也可以是[低位:高位]。但是最左边的一位认为是最高有效位(MSB),最右边的是最低有效位(LSB),如上面定义中,addr 的第 0 位是最高有效位,而 bus 的第 7 位是最高有效位。位长度定义时高位和低位甚至可以是负数,比如:

```
reg [ -1:4] b;       //6 位矢量寄存器 b
```

引用矢量时的方式比较灵活,比如对前面定义过的矢量:

```
bus[0]      //bus 的第 0 位
bus[2:0]    //bus 的三位最低有效位。注意不能用 bus[0:2],应和定义中保持一致。
addr[0:1]   //addr 的两位最高有效位
```

2. 数的表示方法

按进制划分,整数可以表示成十进制数、十六进制数、八进制和二进制数。Verilog 中整数通常有两种表述方式:

(1)简单的十进制表示:用 0 到 9 的数字序列表示。

(2)指定位数表示:可以分成三个连续组成部分——< 位长度 > < '进制符号 > < 数字及 a

到 f(十六进制中)>。其中位长度非必需,若不指定位长度,则系统采用缺省位长度(32 位)。位长度定义了数据的确切位(bit)数,应为无符号的十进制数。进制符号可以是 b 或 B(二进制),d 或 D(十进制),h 或 H(十六进制),o 或 O(八进制)。采用这种表示方法,还必须在进制符号前加"'"号,并且"'"号和进制符号间不能存在空格。数字为无符号数,应该与进制格式一致,数字与进制符号之间可以有空格。

表示数字的 a 到 f(十六进制中)、x 和 z 都是与大小写无关的。数字电路中,x 表示不定值,z 表示高阻态,可在十六进制、八进制和二进制中使用 x 和 z。十六进制中一个 x 表示有四位都是 x,八进制中一个 x 表示三位都是 x,二进制中则表示一位是 x。z 用法同理。

采用第二种表示方法,当实际数据位数小于定义的位长度时,如果是无符号数,则在左边补零;如果无符号数最左边是"x",则在左边补"x";如果无符号数左边是"z",则在左边补"z"。

对于这两种表示方法,都可以在整数的最前面添加正负号以区别正负数。如果没有正负号,对于第一种表示方法,表示是带符号的整数,而对于第二种表示方法则表示无符号整数。

在表示长数据时还可以用下划线"_"进行分割以增加程序的可读性。表示数据时"_"将被忽略,但不能放在数据的开头。

整数的表示示例如下所示:

- 123	//十进制负数
'h 123F	//无位长度的十六进制数
'o 123	//无位长度的八进制数
3'b101	//3 位二进制数
5'D 3	//5 位十进制数
12'h x	//12 位不确定数
16'o z	//16 位高阻态
16'b 1001 _ 0110 _ 1111 _ zzzz	//16 位二进制数

以下表示是不正确的:

123af	//十六进制需要进制符号'h
8"'"d - 6	//负号不能放在进制符和数字之间,应为 - 8'd6

3. case 语句

case 语句是分支决定语句,case 语句语法结构为:

```
case (表达式)
    选项值 1:语句 1;
    选项值 2:语句 2;
    选项值 3:语句 3;
    …
    default: 缺省语句;
endcase
```

语句 1,语句 2,…,缺省语句可以是一条语句或者语句块。如果是多条语句,需要使用 begin - end 结构。执行 case 语句时,先计算表达式的值,按照各选择项出现的先后顺序,比较不同选择项的值和 case 表达式的值,找到首先匹配的项,执行对应语句。如果没有选项的值和表达式的值匹配,则执行缺省语句。缺省语句是可选而不是必需的,并且不能有多条缺省语句,如果没有缺省语句并且没有选项匹配,则不会有 case 项语句执行。

case 表达式结果的位长度应和选项值的位长度一致,如果不一致,会按照位长度最长的项进行扩充对齐。

4.敏感信号

程序行"always @(in0 or in1 or in2 or in3 or sel)"中的时间控制部分为完整电平敏感列表。只要任意信号发生变化,便会更新输出值,和数据选择器功能的要求一致。如果电平敏感列表不完整,例如"always@(in0 or in2 or sel)",这时如果 in1 或者 in3 电平发生变化,按照语法规定将不能产生赋值更新事件,因此有些综合工具认为不完整列表是不合法的,而另外一些综合工具则发出警告并将其当作完整列表处理,这时综合出来的电路功能可能与程序模块的描述有所不同。程序中应尽量采用完整电平敏感列表方式。

5.4.2　casez 描述的数据选择器

```
//例5.6
module mux _ casez(out,a,b,c,d,select);
output out;
input in0,in1,in2,in3;
input[3:0] sel;
reg out;

always @(sel or in0 or in1 or in2 or in3)
begin
casez(sel)
    4'b???1: out = in0;
    4'b??1?: out = in1;
    4'b?1??: out = in2;
    4'b1???: out = in3;
    endcase
end
endmodule
```

程序说明:

case 语句无关值:

case 语句有两种变型,允许用户处理无关值情况。一种变型是处理高阻态无关值,另外一种是处理高阻态和未知态无关值。这两种变型在使用方式上和前面所述的 case 语句类似,但分别使用关键词 casez 和 casex。

如果 case 表达式的值或者选项值中某些位为无关值(对于 casez 为 z,对于 casex 为 z 或者 x),则比较的时候不比较这些位,也就是说,只比较不是无关值的位。并且,语句中可用问号?代替 z 的位置。"?"是"z"的另外一种表示方法。在 case 表达式中高阻态是不用考虑的情况(casex,casez 语句中)时,使用"?"可以提高系统的可读性。

对于例5.6中的 casez 语句,程序将判断 sel 变量的值,如果 sel[0]为1,则执行 out = in0,否则如果 sel[1]为 1,则执行 out = in1,余下类推。假如 sel 信号当前为 4'b1x10,由于选项 1 只比较 sel[0]位,条件不符,所以继续比较选项 2,即比较 sel[1]位,条件符合,执行该语句,最后输出信号 out 为 in1。

5.4.3　if – else 语句实现的 4 选 1 数据选择器

```
//例 5.7
module mux4 _ 1(out,in0,in1,in2,in3,sel);
output out;
input in0,in1,in2,in3;
input[1:0] sel;
reg out;
always @(in0 or in1 or in2 or in3 or sel)
begin
if(sel = = 2'b00) out = in0;
else if(sel = = 2'b01) out = in1;
else if(sel = = 2'b10) out = in2;
else if(sel = = 2'b11) out = in3;
else
out = 2'bx;
end
endmodule
```

程序说明:

1. 条件语句(if – else)

条件语句(或称为 if – else 语句)可用来选择是否执行某条语句。其语法结构为:

```
if (表达式)
    语句 1;
else
    语句 2;
```

如果表达式值为真(非零值),则执行语句 1,否则(表达式值为 0,或者是 x、z)执行语句 2。语句 1 和语句 2 可为空语句,并且 else 语句并不是必需的。

由于条件语句的 else 部分可以缺省,因此在嵌套 if 语句中可能会比较混乱。Verilog 中 else 语句会寻找前面最邻的缺少 else 部分的 if 语句,如:

```
if (a = = 0)
    if (b = = 0)
        c = 1;
    else
        c = 0;
```

使用 begin – end 块可以强制 else 语句与相应的 if 语句对应,有时候为了避免混乱,也可以采用这种更明晰的写法,如:

```
if (a == 0) begin
    if (b == 0)
        C = 1;
end
else c = 0;
```

除了 if – else 结构，条件语句还有 if – else – if 结构，并且应用很广，其语法结构为：

```
if (表达式 1)
    语句 1;
else if (表达式 2)
    语句 2;
else if ...
else
    语句 n;
```

if – else – if 结构将顺序计算并判断表达式的值，如果表达式值为真，则执行相应的语句，并且终止整个条件语句。每条语句可以是单条语句也可以是语句块。

2.条件语句与分支决定语句比较

除了语法不同外，case 语句与 if – else – if 语句存在不同，主要体现在以下方面。

(1)If – else – if 结构中的条件表达式能更全面地囊括多种情形，而 case 语句只比较表达式和几个选项的值。

(2)如果表达式值中包含 x 或者 z 的位时，case 语句会比较表达式和选项值的每一位，每位值可以是 0、1、x 或者 z，只有逐位比较都相等，才认为和该项匹配。之所以能够处理 x 和 z 的情况，是因为 verilog 中有探测这类值的机制。例如：

```
input s0, s1;
case ({s0, s1})
    2'b00: data = 4'b0000;
    2'b01,
    2'b10: data = 4'b0001;        //{s0,s1}为 2'b01 或者 2'b10 时执行这句。
    2'bxx, 2'bz1: data = 4'b0010; //{s0,s1}为 2'bxx 或者 2'bz1 时执行这句。
    default: data = 4'b0011;
endcase
```

3.缺省项问题

条件语句和分支决定语句都存在着缺省项的问题。对于条件语句，else 语句称为缺省项，对于 case 语句，default 语句称为缺省项。缺省项是可以省略的，但省略缺省项可能带来一些问题。

对下面的例子进行分析。首先分析缺省项完整的例子。

```
//例 5.8
module ex3reg(y, a, b, c);
input a, b, c;
output y;
reg y, rega;
always @ (a or b or c)
    begin
    if(a&b)
        rega = c;
    else                    //有缺省项情况
        rega = 0;
    y = rega;
    end
endmodule
```

这个例子中通过 always 结构的电平触发方式用过程赋值语句描述一个组合电路, if – else 结构的缺省项存在, 这时 rega 被综合为一个数据选择器, 如图 5.2 所示。

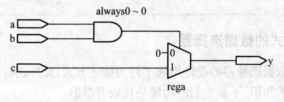

图 5.2　例 5.8 综合结果

我们再来看缺省项省略的情况。

```
//例 5.9
module ex4reg(y, a, b, c);
input a, b, c;
output y;
reg y, rega;
  always @ (a or b or c)
    begin
        if(a&b)
            rega = c;        //缺省项省略
        y = rega;
    end
endmodule
```

例 5.9 同样通过 always 结构的电平触发方式用过程赋值语句描述一个组合电路, 但 if – else 结构的缺省项省略了, 当 a&b 为 1 时, rega 被赋予 c 的值, 但当 a&b 为 0 时, rega 将保持原值, 这时需要一个锁存器把 rega 的值保持下来, 因此综合时 rega 被综合为一个锁存器, 如图 5.3 所示。

对于 case 语句存在同样的问题, 下面的例子由于缺少缺省项, 产生了不必要的锁存器。

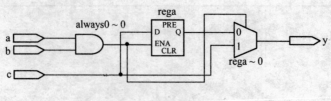

图 5.3　例 5.9 综合结果

```
//例 5.10
module inccase(a, b, c, d, e);
input a, b, c, d;
output e;
reg e;
always @(a or b or c or d)
    case ({a,b})
        2'b11: e = d;
        2'b10: e = ~c;
    endcase
endmodule
```

5.4.4　其他形式的数据选择器

上面几个例子中数据选择器的设计均属于行为描述方式,此外还有其他形式的描述方式,如果熟悉数字电子技术知识,了解它们的功能是比较容易的。

```
//例 5.11
module mux4_1d(out,in0,in1,in2,in3,sel);
output out;
input in0,in1,in2,in3;
input [1:0]sel;
assign out = sel[1] ? (sel[0] ? in3:in2):(sel[0] ? in1:in0);
endmodule
```

例 5.11 为用条件运算符实现的 4 选 1 数据选择器。第一次选择,如果 sel[1] 为 1,则从 in3和 in2 里选,否则从 in1 和 in0 中选。然后再根据 sel[0] 进行第二次选择,最终选定一个信号连接到输出。

```
//例 5.12
module mux4_1c(out,in0,in1,in2,in3,sel);
output out;
input in0,in1,in2,in3;
input [1:0] sel;
assign out = (in0 & ~sel[1] & ~sel[0])|(in1 & ~sel[1] & sel[0])|(in2 & sel[1] & ~sel[0])|(in3 & sel[0] &
sel[1]);
endmodule
```

例 5.12 为用数据流方式描述的 4 选 1 数据选择器。它描述的是组合电路 out = in0·$\overline{\text{sel}[1]}$·

$\overline{\text{sel}[0]} + \text{in1} \cdot \overline{\text{sel}[1]} \cdot \text{sel}[0] + \text{in2} \cdot \text{sel}[1] \cdot \overline{\text{sel}[0]} + \text{in3} \cdot \text{sel}[1] \cdot \text{sel}[0]$, 和 4 选 1 数据选择器的真值表比较,我们会发现它们的功能完全相同。

```
//例 5.13
module mux4 _ 1a(out, in0, in1, in2, in3, sel);
output out;
input in0, in1, in2, in3;
input [1:0] sel;
wire notsel1, notsel0, w, x, y, z;

not (notsel1, sel[1]),
    (notsel0, sel[0]);
and (w, in0, notsel1, notsel0),
    (x, in1, notsel1, sel[0]),
    (y, in2, sel[1], notsel0),
    (z, in3, sel[1], sel[0]);
or (out, w, x, y, z);
endmodule
```

例 5.13 为门级建模方式描述的 4 选 1 数据选择器。它描述的仍然是组合电路 out = in0 · $\overline{\text{sel}[1]} \cdot \overline{\text{sel}[0]} + \text{in1} \cdot \overline{\text{sel}[1]} \cdot \text{sel}[0] + \text{in2} \cdot \text{sel}[1] \cdot \overline{\text{sel}[0]} + \text{in3} \cdot \text{sel}[1] \cdot \text{sel}[0]$,实现的是 4 选 1 数据选择器。由于采用 verilog 中的基元进行实例化,因此实例名可省略。并且对 not 门和 and 门,一条语句实现了多个实例。对于与门(and)和或门(or),可有多个输入,但只能有单个输出,并且实例化语句里端口列表中的第一个信号为输出信号。各实例之间是并行的关系,任意时刻对于每个实例只要输入信号发生变化,其输出信号便会随之变化。

5.5　编码器和译码器

编码器与译码器是非常基本的组合逻辑电路,应用广泛,用于数码与数码之间的转换。

5.5.1　case 语句实现的 8 – 3 编码器

```
//例 5.14　8 – 3 编码器
`define DATA7 8'b1xxx _ xxxx
`define DATA6 8'b01xx _ xxxx
`define DATA5 8'b001x _ xxxx
`define DATA4 8'b0001 _ xxxx
`define DATA3 8'b0000 _ 1xxx
`define DATA2 8'b0000 _ 01xx
`define DATA1 8'b0000 _ 001x
`define DATA0 8'b0000 _ 0001

module code _ 83(din, dout);
input[7:0] din;
output[2:0] dout;
```

```
function[2:0] code;                    //函数定义
input[7:0] din;
casex (din)
     `DATA7 : code  =  3′h7;
     `DATA6 : code  =  3′h6;
     `DATA5 : code  =  3′h5;
     `DATA4 : code  =  3′h4;
     `DATA3 : code  =  3′h3;
     `DATA2 : code  =  3′h2;
     `DATA1 : code  =  3′h1;
     `DATA0 : code  =  3′h0;
     default  : code  =  3′hx;
endcase
endfunction

assign dout  =  code(din) ;            //函数调用
endmodule
```

程序说明:

1.数据分割

表示长数据时可用下划线"_"进行分割,以增加程序的可读性。因此,"8′b1xxx _ xxxx"和"8′b1xxxxxxx"在功能上是相同的。

2.宏定义指令 `define

宏定义工具`define使用有意义的标识符代表字符串。定义过的宏可以用在模块的内部或外部。在定义之后,宏便能通过"宏名"的方式在源程序中引用。编译器对于"`宏名"形式的字符串将自动用宏定义文本代替。宏定义`define 的语法为:

```
`define <宏名(参数)>  <宏文本>
```

重复定义一个宏是非法的。宏文本可以是定义在宏名同一行的任意文本,如果超过一行,则新行需要再以反斜线(\ )开头。宏可以交互定义与使用。

如果宏文本中包含行注释符(即"//"),那么注释符不会成为宏文本的一部分。宏文本可以为空,此时宏文本认为是空,在该宏使用时不会有文字被替代。宏文本的使用语法为:

```
`<宏名(实际参数)>
```

每个"<宏名>"出现的地方将被定义的宏文本替代。宏在定义之后,它就能在源文件中的任意位置使用,没有范围限制。宏名只是简单的标识符。例如:

```
`define btsize 4
 reg [1:`btsize] data;
```

宏文本定义的文本中不能分开如下语法符号:注释、数字、字符串、标识符、关键词和操作符。下面的定义为非法,因为它分开了字符串:

```
`define start _ string ″start of string
 a =`start _ string end of string″;
```

宏定义中可有参数,参数可以在宏文本中像标识符那样使用。引用宏时,实际应用中的参数将代替宏定义中的参数。例如:

```
`define max(a, b) ((a) > (b) ? (a) : (b))
n = `max(p+q, r+s);
```

进行替代时将变成:

```
n = ((p+q) > (r+s)) ? (p+q) : (r+s) ;
```

由于参数是直接从字面上替代宏定义中的参数,因此如果一个表达式作为实际参数,则该表达式将整体进行替代。如果宏文本中多次使用了参数,可能导致多次计算这个表达式的值,例如上面的语句将各计算两次 p+q 和 r+s 的值。

此外,预编译指令`undef 可以取消先前定义的宏。如果要取消的宏不存在,则会给出警告。`undef语法为:

```
`undef < 宏名 >
```

3.函数定义与使用

模块中调用了一个函数用于编码操作。函数提供了一种把大的程序分割为小的组成部分的方式,使得源程序便于阅读和调试。使用函数的目的是在表达式中返回一个数值。

函数定义的语法结构为:

```
function [返回值的位长度或类型] 函数名;
申明(端口、变量类型);
函数功能描述语句;
endfunction
```

函数返回值可为 reg、integer、real、realtime、time 类型,缺省情况下为一位(bit)的 reg 型数据。一个函数至少应有一个输入变量。例如:

```
function [4:0] function1;        //定义函数 function1,同时也是返回值 function1,类型为 reg[4:0];
input [7:0] addr;
begin
    ...
    function1 = result;         //函数获得返回值
end
endfunction
```

函数定义时隐含申明了一个与函数同名的内部寄存器,该寄存器为 1 位寄存器或函数申明中定义的数据类型。函数中通过给该同名寄存器赋值,可以把结果值返回。

程序中函数调用时,其返回值可作为表达式中的一个操作数。函数调用语法为:

```
函数名(表达式 1, ...)
```

例如对上面定义的函数 function1,可这样调用:

```
regb = function1(rega) + `h0f;
```

函数使用中有较多的限制规则,下面是函数使用中应遵循的 5 个规则:

(1) 函数定义不能包含任意时间控制语句,即语句中不能有 # 、@或者 wait 引入的语句。

(2) 函数不能启动任务(task)。

(3) 函数定义将包含至少一个输入变量。

(4) 函数定义中不能申明 output 或者 inout 类型的自变量,因为函数不能通过端口往外部发送数据,而只能通过同名寄存器返回一个数据。

(5) 函数定义应包含赋值语句,把计算结果赋给与函数同名的内部寄存器。

例 5.14 中,模块 code _ 83 中定义了一个函数 code,该函数有 8 个输入量,定义为 din,函数通过同名寄存器 code 返回编码后的数据,返回数据的类型为 reg[2:0]。模块中通过语句"assign dout = code(din) ;"调用了函数 code,函数在表达式中的作用相当于一个操作数。

编码部分采用了 casex 语句,它是 case 语句的无关值形式,每个分支项只比较为 0 或 1 的位上的信息,其他位忽略。该编码是 8 - 3 线编码,根据 8 线输入信号最高位为 1 的位置确定 3 线的编码输出,因此能处理输入变量多位为 1 的情况,根据输入数据最高位进行优先编码。

同样可以采用 if - else 语句实现这个 8 - 3 优先编码器,优先编码是通过 if - else 语句的顺序执行实现的。

```
//例 5.15
module code _ 83(din, dout);
input[7:0] din;
output[2:0] dout;

function[2:0] code;              //函数定义
input[7:0] din;
if (din[7]) code = 3'd7;
else if (din[6]) code = 3'd6;
else if (din[5]) code = 3'd5;
else if (din[4]) code = 3'd4;
else if (din[3]) code = 3'd3;
else if (din[2]) code = 3'd2;
else if (din[1]) code = 3'd1;
else code = 3'd0;
endfunction

assign dout = code(din);        //函数调用
endmodule
```

5.5.2 for 语句实现的 8 - 3 编码器

例 5.15 可以通过 for 语句使程序更加简练:

```
//例5.16
module encoder(out,in)
output [2:0] out;
input [7:0] in;
reg [2:0] out;

always@(in)
begin
  integer i;
  out = 0;
  for(i = 0;i < 8;i = i + 1)
    if(in[i]) out = i;
end
endmodule
```

程序说明：

1. integer 整型数据类型

在某些情况下，比如计数时，虽然也可以使用 reg 类型变量保存计数器的值，但使用 integer 变量显得更为直观与便利，比较符合人们的习惯。integer 默认位长度为主机字宽，但至少为 32 位。

【注意】reg 型寄存器保存的是无符号数，而 integer 型寄存器保存的是有符号数。

2. 循环语句

下面这个例子中使用了 for 循环语句。

循环语句只能出现在 initial 块和 always 块中。有 4 种类型的循环语句，可以控制语句执行的次数。

(1) forever：重复连续执行循环语句内容，直到遇到 $ finish 任务。这种循环类似于 while 循环中条件表达式始终为真的情况。一个 forever 循环可以通过 disable 语句停止。forever 循环常用于与时间控制结构相关的场合。如果没有时间控制结构，那么模拟器将一直执行该循环。例如：

```
reg clk;
initial
begin
  clk = 1′b0;
  forever # 10 clk = ~ clk;        //产生周期为 20 个时间单位的方波
end
```

(2) repeat：执行一条语句固定次数。循环的次数取决于次数表达式的值，开始循环之前，首先要计算该表达式的值以确定循环次数，进入循环后将不再计算该值。如果次数表达式值未知或者高阻态，则当作 0 处理，不会执行相应语句。例如：

```
initial
begin
    count = 0;
    repeat(10)
        count = count + 1;
end
```

（3）while:执行循环中的语句,直到 while 条件表达式值为假。如果表达式初始时值就为假,则不会执行循环中的语句。例如:

```
integer count;
initial
begin
    count = 0;
    while( count < 10)
    begin
        count = count + 1;
    end
end
```

（4）for:for 循环语句语法格式为:

```
for(初始赋值; 条件表达式; 更新赋值)
    循环执行语句 1;
```

for 循环包含三个部分:

① 首先将给一个寄存器变量赋初值;

② 然后计算与该寄存器相关的条件表达式的值,如果值为 0(包括未知和高阻值),则退出循环,否则执行相应循环执行语句 1;

最后改变控制循环的寄存器变量的值,并重复前面步骤。

例 5.16 的 for 语句中,i 表明循环的轮次,其初始值为 0,只要 i 的值小于 8 则不断执行循环,每次循环,i 的值都增加 1,因此将一共执行 8 次循环。每次循环中,将执行 if 判断语句,如果 in[i]的值为 1,则 out 赋值为 i。假设 in 值为 8'b0100_0100,进入循环后假设当前 i = 2 时,in[2] = 1,则 out = i = 2,但 i 的值小于 8,因此其值继续增加,当 i = 6 时,in[6] = 1,则 out = i = 6。执行完 for 循环后,out 的值为 6,可见,这也是高位优先的 8 - 3 编码。

5.5.3　七段数码管译码器

例 5.17 实现的是将 BCD 码转换成七段数码管的显示码,并假设 LED 数码管是共阴极。

```
//例5.17
module decode47(a,b,c,d,e,f,g,D3,D2,D1,D0);
output a,b,c,d,e,f,g;
input D3,D2,D1,D0;            //输入的 4 位 BCD 码
reg a,b,c,d,e,f,g;
always @(D3 or D2 or D1 or D0)
begin
case({D3,D2,D1,D0})          //用 case 语句进行译码
    4′d0: {a,b,c,d,e,f,g} = 7′b1111110;
    4′d1: {a,b,c,d,e,f,g} = 7′b0110000;
    4′d2: {a,b,c,d,e,f,g} = 7′b1101101;
    4′d3: {a,b,c,d,e,f,g} = 7′b1111001;
    4′d4: {a,b,c,d,e,f,g} = 7′b0110011;
    4′d5: {a,b,c,d,e,f,g} = 7′b1011011;
    4′d6: {a,b,c,d,e,f,g} = 7′b1011111;
    4′d7: {a,b,c,d,e,f,g} = 7′b1110000;
    4′d8: {a,b,c,d,e,f,g} = 7′b1111111;
    4′d9: {a,b,c,d,e,f,g} = 7′b1111011;
    default: {a,b,c,d,e,f,g} = 7′bx;
endcase
end
endmodule
```

重点提示:

(1) always 结构的时间控制部分采用电平触发方式,具有完整的电平敏感列表。

(2) 端口在申明中还可以附加数据类型申明,比如为 reg 还是 wire 类型。如果一个端口申明中包含了变量类型,则认为是一个完整的申明,并且不能再申明其变量类型。如果申明变量类型为矢量,应注意其范围同端口申明一致。

端口变量在申明和内部连接上需满足如下规则:

① input 或者 inout 类型端口必须是网表类型。

② 每个端口的连接必须通过连续赋值方式实现,是源信号到接受信号的连续赋值,并且赋值中只有网表或网表结构的表达式能作为接受信号(所谓网表结构表达式指标量网表、矢量网表、短量网表中的一位或者一部分,以及上述的拼接组合)。

简言之,端口列表中的信号,接受方必须为网表类型,而发送方(源方)没有限制,如图 5.4 所示。always 结构中采用过程赋值语句设计组合电路。只有寄存器类型数据能在过程块中通过过程赋值方式赋值,因此 a、b、c、d、e、f、g 除了定义数据传输方向为 output 类型外,还需要定义数据类型为 reg 类型。

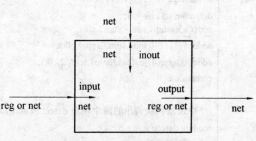

图 5.4　端口数据类型规则

(3) 编码部分仍采用 case 语句结构,由于大量采用了拼接运算符,使得程序比较简约直观。拼接运算符能把多位数据组合起来,功能上

相当于一个矢量,可按矢量进行操作,是应用较多的一种运算符。

5.6 数字相关器

前面的例子都比较简单,这里再举一个稍微复杂一些的例子——数字相关器。数字相关器是实现两个数字信号之间的相关运算,即比较长度相等的两个信号数据间相等的位数,它通常在同步序列检测器中用到。数字相关器结构如图 5.5 所示。

对于 N 位数字相关器,其运算通常为:

(1)对应位进行异或操作,得到 N 个 1 位的相关运算结果。

(2)统计 N 个结果中 0 与 1 的数目,得到 N 位数字中相同位和不同位的数目。

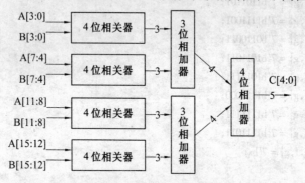

图 5.5 数字相关器结构

下面的例子将实现 16 位的数字相关器。为了降低耗用资源,把 16 位的相关运算分解成 4 个 4 位相关器,然后用两级加法器相加,得到全部 16 位相关结果,如图 5.5 所示。

```
//例5.18
`include"detect.v"                                  //---------------------1
module correlator (out,a,b,clk);
output[4:0] out;
input[15:0]a,b;
input clk;
wire[2:0] sum1,sum2,sum3,sum4;
wire[3:0] temp1,temp2;
detect u1(sum1,a[3:0],b[3:0],clk),
    u2(sum2,a[7:4],b[7:4],clk),                     //模块调用
    u3(sum3,a[11:8],b[11:8],clk),
    u4(sum4,a[15:12],b[15:12],clk);                 //---------------------2
    defparam u5.size = 3;                           //---------------------3
    adder u5(temp1,sum1,sum2,clk);                  //---------------------4
    adder #(3) u6(temp2,sum3,sum4,clk);             //---------------------5
    adder #(.size(4))u7(out,temp1,temp2,clk);       //---------------------6
endmodule

/**** 顶层模块调用的两个模块 detect 和 adder 均存放在文件 detect.v 中 ***/
module detect(sum,a,b,clk);                         //该模块实现 4 位相关器
output[2:0] sum;
input clk;
```

```
input[3:0] a,b;
wire[3:0] ab;
reg[2:0] sum;
assign ab = a ^ b;
always @(posedge clk)
begin
case(ab)
    'd0: sum = 4;
    'd1,'d2,'d4,'d8: sum = 3;              //---------------------7
    'd3,'d5,'d6,'d9,'d10,'d12: sum = 2;    //---------------------8
    'd7,'d11,'d13,'d14: sum = 1;           //---------------------9
    'd15: sum = 0;
endcase
end
endmodule

module adder(add,a,b,clk);                 //3 位加法器
parameter size=3;                          //---------------------10
output[size:0] add;
input[size-1:0] a,b;
input clk;
reg[size:0] add;
always @(posedge clk)
    begin add = a + b; end
endmodule
```

程序说明:

1. 预编译指令 `include

例 5.18 中,程序行 1 使用了文件包含预编译指令`include。文件包含预编译指令在编译时可在一个文件中插入另外一个源文件的所有内容,结果相当于在include 预编译指令位置出现被包含源文件的所有内容。`include 预编译指令可用来包括全部或者常用的定义与任务,而不用在模块内封装重复的代码。`include 预编译指令提高了对源文件的组织与管理,便于维护。

`include 的语法定义为:

```
`include "文件名"
```

预编译指令 `include 可以在 verilog 源程序中任意位置指定。文件名可为空或者路径名。只有空格符或者注释能出现在include 预编译指令的同一行中。`include 包含的文件中可以包含其他的 `include 指令,但是这种嵌套包含文件的级数应是有限的。

例 5.18 中,顶层模块调用了底层模块 detect 和 adder,为了使程序清晰,这两个模块并没有放在顶层模块所处的源文件中,而是放在文件 detect.v 中。通过 `include 指令,能把 detect.v 文件中的程序内容全部包含进去。

2. 常量(Parameter)申明与重写(Overriding)

程序行 10 申明了模块 adder 的常量参数 size。常量代表的是一个常数,不能在本模块中改变它的值,因此在申明时就应该赋予一个常数值。常量一个典型的应用是用来定义延时及变量位长度。Verilog 中通过关键词 parameter 能够在模块中定义常量。定义格式为:

```
parameter <常量名> <常量表达式>;
```

常量表达式只能包含常数或者先前定义过的常量,一条定义语句可以定义多个常量。例如:

```
parameter a = 1;        //定义了常量 a = 1;
parameter b = 2, c = 3,
    d = b + c;          //定义了常量 b = 2, c = 3, d = 5;
```

模块参数 parameter 可以有类型定义和位长度定义,如果不指定类型和位长度,它会根据赋予的值自动设定类型和位长度。

常量的值不能在所在模块内部被改变,但它的值在编译时可以改变,通常利用这一点来定制模块实例,使模块的定义更加灵活,仅仅通过改变某个常量的值就能使得模块执行不同的功能。一个常量的值能通过 defparam 语句或者在模块实例化语句中改变,这称为 parameter 参数的重写(Overriding)。

通过 defparam 语句,可以改变电路中任意模块的 parameter 参数的值。如程序行 3 所示,重写了 adder 模块的实例 u5 的常量参数 size,令其为 3,在程序行 4 的实例化语句中,此时 u5 的 size 参数的值已经变成 3。

【注意】模块参数 size 也可以用 ANSI C 语言的风格进行参数申明,如:

```
module adder # (parameter size = 3) (add, a, b, clk);
```

模块实例化语句也可以重写 parameter 参数的值,而不需要 defparam 语句,如程序行 5 所示,通过"#(常量)"的形式重写了实例中的常量参数,实例 u6 中 size 常量的值被重写为 3。采用这种方式,如果有多个参数,应注意顺序和模块中定义参数申明时顺序一致。

模型实例化时,参数名可以用来重写其值,如程序行 6 所示,通过常量参数的名称"size"对该常量参数进行了重写,实例 u7 的"size"常量的值被重写为 4。采用这种方式,对于多参数情况,可以不考虑参数重写顺序。

3. 重点提示

程序行 2 为一条实例化语句,一条语句中可以多次调用模块的实例,实现了模块 detect 的多个实例 u1、u2、u3 和 u4。

程序行 7、8、9 所在的 case 结构如果稍做调整,可写成:

```
case(ab)
'd0: sum = 4;
'd1,
'd2,
'd4,
'd8: sum = 3;
'd3,
...
'd15: sum = 0;
endcase
```

ab 是这两个要进行比较的 4 位数据的按位异或。case 语句表明对分支项'd1、'd2、'd4、'd8 处理情况都是 sum = 3,即 ab 为这 4 个值中任一个,则 sum = 3。分析这 4 个值的二进制表达方式会发现,这种情况对应着这两个 4 位数据有 1 位不相同,即相同的位数为 3。对'd3、'd5、'd6、'd9、'd10、'd12 的处理情况是 sum = 2,这种情况对应着有 2 位不相同,相同位数为 2。对'd7、'd11、'd13、'd14 的处理情况是 sum = 1,这种情况对应着有 3 位不相同,相同位数为 1。因此,detect 检测的是这两个 4 位数据相同的位数。

此外,程序中使用了同步时钟信号 clk,把 4 位数据的相关操作和加法操作同步起来。

5.7　计数器

计数器是时序电路设计里经常使用的一种电路。

5.7.1　4 位计数器

```
//例 5.19
module count4(out,reset,clk);
output[3:0] out;
input reset,clk;
reg[3:0] out;
always @(posedge clk)
begin
if (reset) out <= 0;        //同步复位
else out <= out + 1;        //计数
end
endmodule
```

这个计数器程序比较短小,功能上也比较简单,只有同步复位和计数功能。时钟的上升沿有效,当 clk 信号的上升沿到来时,如果复位信号有效,则计数器清零,否则计数器进行计数,计数到 4′b1111 时,下一时钟到来将计数到 0。

5.7.2　4 位计数器的仿真程序

写完一个程序,在综合完成之后,通常还需要对程序功能进行仿真,以发现问题,验证是否达到设计目的。Verilog 中可以编写仿真程序以供仿真器,比如 modelsim 软件仿真。

```
//例 5.20－仿真程序
`timescale lns/lns                                        //--------------1
`include "count4.v"                                       //--------------2
module coun4_tp;                                          //--------------3
reg clk,reset;
wire[3:0] out;
parameter DELY=100;
count4 mycount(out,reset,clk);          //调用测试对象---------4
always #(DELY/2) clk = ~clk;            //产生时钟波形---------5
initial                                                   //--------------6
begin      //激励信号定义
clk =0; reset=0;
#DELY reset=1;                                            //--------------7
#DELY reset=0;
#(DELY*20) $finish;                                       //--------------8
end
//定义结果显示格式
initial $monitor($time,,,"clk=%d reset=%d out=%d", clk, reset,out); //……9
endmodule
```

程序说明：

1.仿真程序

在一些集成开发环境中，比如 Altera 的 quartus 6.0，Xinlinx 的 ISE 6.2 等，把激励波形编辑功能嵌入在内，可以通过图形化的操作方式设定输入信号，以测试我们所设计好的电路模块。

而其他一些软件，比如 modelsim，需要用户编写仿真程序，用程序的方式描述输入信号，并对电路模块功能进行测试与仿真。例5.19即为一个仿真程序，可以在 modelsim 或其他仿真软件中仿真。

从这个仿真程序我们可以看到，模块的整体结构和我们已经介绍过的知识并不冲突，各种语法规则是完全一致的，程序行3仍然按照模块的定义规则由关键词 module 申明了一个模块，模块名为"count4 _ tp"。仿真程序模块并不需要和外界交换数据，因此通常没有端口列表。

仿真程序不用考虑综合问题，语法现象将更为丰富，比如 initial 结构和延迟语句，在实际电路里综合时它们将被忽略掉，但却广泛用于仿真程序中。

2.预编译指令 `timescale

`timescale 预编译指令定义了模块中该指令后时间的单位与精度，直到编译器接受到新的 `timescale指令。如果没有 `timescale 定义或者已经通过 `resetall 指令复位，则时间单位和精度由模拟器定义。`timescale 语法为：

```
`timescale <时间单位/时间精度>
```

时间单位参数定义了模拟时间及延时的单位。时间精度参数定义了时间的取整精度。设计中可能出现多个`timescale 语句，所有的 `timescale 预编译指令中最小的时间精度参数决定了模拟的时间单位精度。时间精度参数其精度应至少和时间单位参数一样，不能长于时间单位。

时间单位和时间精度定义包括整数和字符串两部分：整数定义了值的数量级，合法的整数是 1、10 和 100；字符串表示测量单位，合法的字符串为 s、ms、us、ns、ps 和 fs，即秒、毫秒、微秒、纳秒、皮秒和 f秒(千万亿分之一秒)。

程序行1定义了时间单位为 1 ns，并且时间的取整精度也为 1 ns。关于时间单位和时间精度的概念，从下面的例子可以了解得更清楚。

```
`timescale 10ns / 100ps
module tempmod;
reg rega;
parameter d = 1.55;
initial begin
    # d rega = 0;
    # d rega = 1;
end
endmodule
```

这个例子中，时间单位为 10 ns，所以 # d 延时为 $1.55 * 10 = 15.5$ ns，精度为靠近 100 ps 的整数(即 0.1 ns)，所以仍为 15.5 ns。这样程序执行过程为 15.5 ns 处使 rega = 0，在 31 ns 处使 rega = 1。

如果这个例子中改成" `timescale 10ns/1ns"，同样由于单位为 10 ns，所以 # d 延时应为

1.55 * 10 = 15.5 ns,但取整精度为 1 ns,所以取整得 16 ns。这样程序执行过程为在 16 ns 处使 rega = 0,在 32 ns 处使 rega = 1。

从这个例子可以了解到了另一种数据——实数。实数可以表示成一个十进制数类型,如 12.34,或者幂次型,如 12e5,表示 12 乘以 10 的 5 次方。使用小数点时,小数点两边必须至少有一个数字。

例如:

```
1.2,0.1,1.2e10,0.1e - 5
```

以下是不正确的定义:

```
9.,4.e3,.12
```

当把一个实数赋值给一个整数时,会自动进行转换,并且进行四舍五入到一个整数。如 3.5、3.8 转换到整数是 4,而 3.2 转换到整数是 3, - 3.5 转换到整数是 - 4。

3. initial 语句

模拟一旦开始,Initial 和 always 结构就被使能。Initial 结构将只被执行一次,一旦它执行完便失去活性,不再被程序执行。

Initial 结构通常用于模拟开始时对变量进行初始化,一种典型的应用是在测试模块中通过波形定义为模拟主电路提供激励信号,如程序行 6 所示。程序行 6 通过 initial 结构,定义了 reset信号的波形。该 initial 结构后紧跟着一个顺序块,该顺序块含义为:初始时 clk 和 reset 信号都为 0,此后经过 DELY 长度的延迟(即 100 ns),reset 信号变成 1,再经过 DELY 长度延迟,reset 信号变成 0,最后经过 20 个 DELY 长度的延迟,模拟器终止退出。

4. 时间延迟

在 5.2 节中我们已经说过,延迟为一种时间控制方式,程序行 7 正是带延迟的过程赋值语句。延时在 Verilog 中是不能综合的,但在仿真程序中得到了广泛应用。

一个完整的延时定义包括三个部分:上升延迟(rise delay),指从其他的值(0,x 或 z)变化为 1 的延迟时间;下降延迟(fall delay),指从其他值(1,x 或 z)变化为 0 的延迟时间;变为高阻态延迟(turn-off delay,也称关门延迟),指从其他值变化为高阻态的延迟时间;如果一个值变化为 x,则延迟时间为前面这三种延迟中的最小值,如图 5.6 所示。

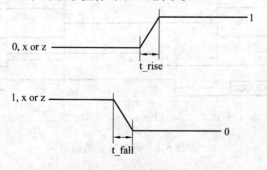

图 5.6　三种延时

延时语句格式为"# < 延时值 >"中,如果只定义了一个延时值,则该值将用于上述三种延迟时间。如果定义了两个延时值,则分别对应上升和下降延时值,关门延迟时间为这两个值的最小值。如果定义了三个延时值,则分别对应上升、下降和关门延迟时间。如果没有延时值定义,则默认延迟为0。

对应每个延时值,还可以设定最小、典型和最大值,例如:

```
and #(2:3:4, 3:4:5, 4:5:6) a3(out, i1,i2);
```

下面的例子显示了延迟的作用:

```
//例 5.21
`timescale 1ns/1ns
module D (out, a, b, c);
input a,b,c;
wire e;
and #(5) a1(e, a, b);
or #(4) o1(out, e,c);
endmodule
```

它描述的电路结构如图 5.7 所示。

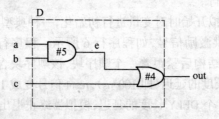

图 5.7 例 5.21 描述的电路

由于延迟作用,a、b 信号发生变化时,e 信号逻辑如果发生了改变,它不会立刻变化,而是延迟 5 ns 时间,out 信号同理,将延迟 4 ns 才会发生变化,仿真结果如图 5.8 所示。

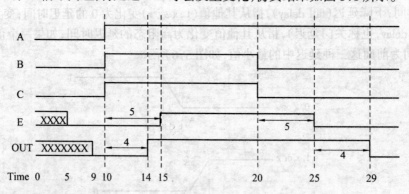

图 5.8 例 5.21 仿真结果

现在我们已经学习了连续赋值语句、过程赋值语句和门级建模实例化语句,这三种语句都可以有延迟,上面的例子是门级建模时的延迟,下面再举例说明连续赋值语句和过程赋值语句中的延迟。

```
//例 5.22
module test;
wire # 10 b;                //变量申明时设定延时
wire a,c;
reg dreg,ereg;

assign b = a;
assign # 10 c = a;
initial begin
    # 10 dreg = 'd1;
    ereg  <=  # 10 'd1;
end
endmodule
```

从上面的例子可以看到,延时可以在变量申明时给定,在执行上述语句时,如果 a 的值发生变化,其值不会立刻传递到 b,而是延时 10 个单位时间。一种特殊的情况是 a 发生了一次变化,由于存在延时,其值尚未传递到 b,而这时 a 又发生了变化,那么上次赋值过程被取消,只有最后 a 的值能传递到 b,即只有一个赋值动作发生。在 initial 结构的过程赋值语句中,dreg 延迟 10 个时间单位变成 1,ereg 信号在 dreg 信号变化后再延迟 10 个时间单位变为 1。

5. 系统任务

这个例子里接触了两个系统任务。程序行 8 中的 $ finish 表示终止程序,退出整个模拟器。程序行 9 的 $ monitor 为一监视任务,能连续监视与显示定义的参数,只要有参数值发生变化,显示任务便会发生。 $ time 也是一个系统任务,将返回模拟时刻值。例如:

```
//例 5.23
`timescale 10 ns / 1 ns
module test;
reg set;
parameter p = 1.55;
initial begin
 $ monitor( $ |time, ,"set = ", set);
 # p set = 0;
 # p set = 1;
end
endmodule
```

则将显示结果为:

```
0 set = x
2 set = 0
3 set = 1
```

这里还用到了一种数据,即字符串数据。字符串是一对双引号" "之间的字符序列。字符串通常用在一些表述性语句中,如显示语句中。当它给某个变量赋值时,被看作无符号的整型常量,一个字符表示一个 8 位的 ASCII 码值。

字符串变量是寄存器型的变量,其宽度等于字符串长度乘以 8。比如:

```
reg [8 * 12:1] strvar;
strvar = "hello world!";
```

要表示换行符、制表符、反斜杠等符号,可以在前面加一反斜杠,如:

\ "表示字符", \ n 表示换行符,而 \ ddd 并且(0 <= d <= 7)表示一个 3 位八进制数定义的字符。

整数、实数和字符串是 Verilog 中的三种数据表示形式。

6. 其他说明

仿真程序中,测试输入信号应定义为 reg 型,因为输入信号将由一个 initial 结构产生,而 initial 语句只能对寄存器类型数据进行过程赋值。测试输出信号应定义为 wire 型,因为模块端口中,数据的接受方应为网表型,对于测试模块 count4 _ tp 而言,out 信号接受实例 mycount 的输出,故应为网表型。需要注意的是在模块 count4 中,out 对应的输出信号可为任意类型,而输入信号应为网表类型。总之,需要记住端口处接受数据端应为网表类型。

仿真程序中,顶层模块调用了模块 count4 的实例 mycount,通过 initial 结构改变了 mycount 的输入信号,对 clk 和 reset 进行了初始化与延迟赋值操作,并通过程序行 5 的 always 语句产生 clk 的方波信号,由于 mycount 的计数功能,out 信号也会变化。clk、reset 和 out 任一值发生变化,系统任务 $ monitor 便会显示输出它们的值。

5.7.3　同步置数同步清零计数器

```
//例 5.24
module count(out, data, load, reset, clk);
output[7:0] out;
input[7:0] data;
input load, clk, reset;
reg[7:0] out;
always @ (posedge clk)          //clk 上升沿触发
begin
if (! reset) out = 8'h00;       //同步清 0,低电平有效
else if (load) out = data;      //同步预置
else out = out + 1;             //计数
end
endmodule
```

程序说明:

1. 功能分析

这是一个 8 位计数器,计数范围为 0 ~ 255,上升沿到来时进行计数。此外,这个计数器还具有同步置数和同步清零功能,在时钟的上升沿进行判断,如果清零信号有效则对计数器清零,如果置数信号有效则对计数器置数。可以看到 verilog 中用行为描述方式设计一个计数器是非常简单的,只需要简单的加法运算就可实现。

2.置数与清零

置数和清零不仅仅反映在计数器里,很多时序电路也都面临这个问题。很多电路上电时通常都会设置一个初始状态,对于这种情况可以借鉴这个例子中的做法,在 always 结构中通过条件语句对置数和清零信号的有效性进行判断,以决定是否要进行相应的操作。

这个例子中处理的是同步置数和同步清零,比较容易实现,一般综合器都能综合。如果时序电路需要异步清零和异步置数,可以采用如下方式:

```
always @(posedge clk or negedge reset or load)        //clk 上升沿触发,reset 和 load 信号下降沿触发
begin
    if(! reset)
        …
    else if (! load)
        …
end
```

5.7.4　约翰逊计数器

约翰逊计数器即扭环型计数器,它是一种移位寄存器型的计数器,其移位寄存器串行输入端信号从最后一个触发器的反相端取得,如图 5.9 所示即为四位扭环型计数器。

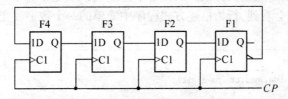

图 5.9　约翰逊计数器结构

由于初始状态不同,这种电路的循环时序有两个,其状态转换见表 5.6。通常选择初始状态为 0000 的时序,因为它符合相邻两数码间只有一位码元不同的特点。因此,用 Verilog 来实现扭环型计数器,需要设定它的初始状态为 0000,此后计数功能的实现只需要使输入端和最后一个触发器的反相端相连。

表 5.6　约翰逊计数器状态转换表

态序	Q4 Q3 Q2 Q1	F	态序	Q4 Q3 Q2 Q1	F
0	0 0 0 0	1	0	0 0 1 0	1
1	1 0 0 0	1	1	1 0 0 1	0
2	1 1 0 0	1	2	0 1 0 0	1
3	1 1 1 0	1	3	1 0 1 0	1
4	1 1 1 1	0	4	1 1 0 1	0
5	0 1 1 1	0	5	0 1 1 0	1
6	0 0 1 1	0	6	1 0 1 1	0
7	0 0 0 1	0	7	0 1 0 1	0

```
//例 5.25
module johnson(clk,clr,out);
input clk,clr;
output[3:0] out;
reg[3:0] out;
always @(posedge clk or posedge clr)
begin
    if (clr) out <= 4'h0;
    else
    begin
        out <=  out << 1;
        out[0] <=  ~ out[3];
    end
end
endmodule
```

5.7.5 模 60 的 BCD 码加法计数器

通常电路中需要指定进制的计数。Verilog 中进制的改变是非常容易的,只需要一个条件语句就可实现,同时也会看到,行为描述方式程序中简单的一个数字改变可能给硬件电路带来极大的变化。

```
//例 5.26
module count60(qout,cout,data,load,cin,reset,clk);
output[7:0] qout;
output cout;
input[7:0] data;
input load,cin,clk,reset;
reg[7:0] qout;

always @(posedge clk)                        //clk 上升沿时刻计数
begin
    if (reset) qout <= 0;                    //同步复位
    else if(load) qout <= data;              //同步置数
    else if(cin)                             //计数使能
    begin
        if(qout[3:0] == 9)                   //低位是否为 9,是则
        begin
        qout[3:0] <= 0;                      //回 0,并判断高位是否大于等于 5
        if (qout[7:4] > = 5) qout[7:4] <= 0;
        else
            qout[7:4] <= qout[7:4] + 1;      //高位不为 5,则加 1
        end
        else                                 //低位不为 9,则加 1
```

```
        qout[3:0] <= qout[3:0] + 1;
    end
end
assign cout = ((qout == 8′h59)&cin)? 1:0;        //产生进位输出信号
endmodule
```

程序说明：

这个例子将实现 BCD 码加法计数器，为此需要对十进制数的个位和十位分别处理。程序首先对计数器进行了置数和清零操作，进行计数时，对个位进行分析，如果未到 9 则个位继续计数，到 9 了则归 0，并且产生十位的进位，进位时如果发现十位上已经计数到 5，则十位也归 0。最后程序通过一条 assign 连续赋值语句产生进位信号，表明计数到 59，这个信号持续时间与计数 59 的保持时间相同，即一个 clk 时钟周期。

采用 BCD 编码，高四位和低四位数据分别连到一个七段数码管上，则能把此模 60 的十进制数在数码管上显示出来。

5.8　状态机

有限状态机是绝大部分控制电路的核心结构。事实上，从广义上讲，计数器就可理解成一种状态机，每个计数状态就是状态机的一个状态，在每个状态至少会进行一项操作——计数，以进入下一状态。在硬件电路中状态机的状态是靠触发器保持与改变的，一个触发器可以为 0、1 两个状态，故 n 个触发器可保持 $2n$ 个状态。

根据状态机状态输出的控制因素，可以把有限状态机分成两类，即 moore 有限状态机和 mealy 有限状态机。moore 有限状态机的状态输出仅依赖于内部状态，跟输入无关；而 mealy 有限状态机的状态输出不仅决定于内部状态，还跟外部输入有关。

有限状态机可以使用 always 语句和 case 语句描述，状态保存在寄存器中，根据寄存器不同的值（状态）执行不同的操作，case 语句的多个分支则代表了不同状态的行为。下面的例子可以帮助了解 moore 和 mealy 有限状态机的 verilog 语言实现。

5.8.1　moore 状态机

```
//例 5.27
module moore _ fsm(clk, reset, A, Z, finish);
parameter STATE _ INIT = 0;
parameter STATE _ ST1 = 1;
parameter STATE _ ST2 = 2;
parameter STATE _ FINISH = 3;
input clk, reset;
input A;
output [1:0] Z;
output finish;
```

```
reg [1:0] state;
reg [1:0] Z;
reg finish

always @(negedge reset or posedge clk)
begin
  if(! reset) begin
    state <= STATE _ INIT;
    Z <= 2'b00;
    finish <= 1'b0;
  end
  else begin
    case(state)
      STATE _ INIT: begin
        state <= STATE _ ST1;
        Z <= 2'b01;
        finish <= 1'b0;
      end
      STATE _ ST1: begin
        if(A) state <= STATE _ ST2;
        else state <= STATE _ FINISH;
        Z <= 2'b11;
        finish <= 1'b0;
      end
      STATE _ ST2: begin
        state <= STATE _ FINISH;
        Z <= 2'b10;
        finish <= 1'b0;
      end
      STATE _ FINISH: begin
        //state <= STATE _ FINISH;
        Z <= 2'b01;
        finish <= 1'b1;
      end
    endcase
  end
end
endmodule
```

程序说明：

1. moore 状态机实现

这个例子首先通过 parameter 定义了 moore 状态机的几个状态参数,这几个状态参数是常量,它们将用于给表示状态的变量 state 赋值。moore 状态机功能在 always 结构中得到实现。该

always 结构通过 clk 时钟的上升沿控制执行。clk 时钟上升沿到来时,如果复位信号无效,则进行状态控制,根据当前的状态给 state 赋值以确定下一状态,同时进行本次状态要执行的操作,即改变输出 Z 的值,并且只要不是最后一个状态 STATE _ FINISH,标志 finish 都为 0。

2. 状态机输出

可以看到,状态机的输出 Z 仅与 moore 状态机的状态有关,而与输入无关。有时为了简化电路及加快运行速度,也可把状态机的状态作为输出。该状态机的状态图如图 5.10 所示。

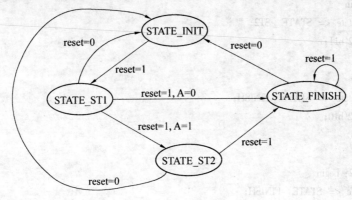

图 5.10　例 5.27 所示状态机

5.8.2　mealy 状态机

```
//例 5.28
module mealy _ fsm(clk, reset, A, Z, finish);
parameter STATE _ INIT = 4′b0001;
parameter STATE _ ST1 = 4′b0010;
parameter STATE _ ST2 = 4′b0100;
parameter STATE _ FINISH = 4′b1000;
input clk, reset;
input A;
output [1:0] Z;
output finish;

reg [3:0] current _ state, next _ state;
reg [1:0] Z;
reg finish;
always @(negedge reset or posedge clk)
begin
    if(! reset) current _ state <= STATE _ INIT;
    else current _ state <= next _ state;
end
always @(current _ state or A)
begin
    finish <= 1′b0;
```

```
    case(current_state)
      STATE_INIT: begin
        next_state <= STATE_ST1;
        Z <= 2'b01;
      end
      STATE_ST1: begin
        if(A) begin
          next_state <= STATE_ST2;
          Z <= 2'b11;
        end
        else begin
          next_state <= STATE_FINISH;
          Z <= 2'b10;
        end
      end
      STATE_ST2: begin
        next_state <= STATE_FINISH;
        Z <= 2'b10;
      end
      STATE_FINISH: begin
        // next_state <= STATE_FINISH;
        Z <= 2'b01;
        finish <= 1'b1;
      end
    endcase
  end
endmodule
```

程序说明

1.状态编码方式

这个例子的状态编码采用了 one-hot 编码方式,one-hot 编码方式虽然需要的触发器数目更多,但实现的电路简单,对 FPGA 实现的有限状态机建议使用。除了这种编码方式,Gray码由于相邻两数之间只有一位不同,对避免电路的竞争冒险有利,在某些场合下也有所应用。

2.mealy 状态机的实现

Moore 状态机和 mealy 状态机仅仅是在状态机的输出上有所不同,在状态机的实现机理上没有什么不同,完全可以仿照例 5.27 的结构编写。例 5.28 用另一种方式实现了 mealy 状态机,即把状态的变化与输出开关的控制分开考虑,形成各自独立的 always 组合块,在设计复杂的多输出状态机时常采用这种方法。

这个例子中,第一个 always 结构通过时钟控制结构,每个 clk 时钟的上升沿到来,状态便进行转换到下一状态。下一状态跟当前状态有关,它的确定通过第二个 always 结构实现。第二个 always 结构为电平触发,输入信号 A 或者当前的状态 current_state 发生变化,都会被触发,并根据 A 和 current_state 确定下一状态,同时状态机的输出 Z 也放在这个 always 结构里。

3．状态机输出

可以看到，状态机的输出 Z 不仅与当前的状态有关，还与输入 A 有关，因此这是一个 mealy 状态机。

5.8.3　售货机例子

任务要求：设计一个自动售货机的逻辑电路。它的投币口每次只能投入一枚五角或一元的硬币。投入一元五角钱硬币后机器自动给出一杯饮料；投入两元（两枚一元）硬币后，在给出饮料的同时找回一枚五角的硬币。

设计分析：

(1)电路变量分析：根据设计要求，共有四个变量，投入一元钱为一个变量，定义为 A，该变量为电路的输入变量；投入五角钱为一个变量，定义为 B，同样该变量为输入变量；售货机给出一杯饮料，定位为 Y，该变量为电路的输出变量；售货机找回一枚五角硬币，定义为 Z，该变量为电路的输出变量。

(2)状态确定：该电路一共有三个状态：状态 S0，表示未投入任何硬币状态；状态 S1，表示投入五角钱的状态；状态 S2，表示投入一元钱的状态。

(3)根据题意，我们可以得到如下的状态转换图。例如，如果当前为 S1 的状态（即已经投入五角钱），则再投入五角钱该状态会转换到 S2 状态，因此转换条件为(01/00)；如果再投入一元钱，则将给出一杯饮料，由 S1 状态转换到 S0 状态，因此转换条件为(10/10)。自动售货机状态转换图如图 5.11 所示。

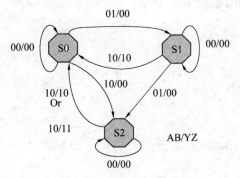

图 5.11　自动售货机状态图

(4) 根据该转换图可以较容易地写出程序。

```
//例5.29
module machine(A,B,Y,Z,reset);
parameter state0 = 2′b 00;
parameter state1 = 2′b 01;
parameter state2 = 2′b 10;
input A,B,reset;
output Y,Z;
reg Y,Z;
reg [1:0] state;
```

```
always@(A,B,reset,state)
if(reset) begin
    state = state0;
    Y <= 0;
    Z <= 0;
  end
else
case(state)
    state0://无投币
      if(A == 0&&B == 0) begin
        state <= state0;
        Y <= 0;Z <= 0;
      end
      else if(A == 1&&B == 0)
        state <= state2;
    else if(A == 0&&B == 1)  //只能一个一个投,故不可能 A = B = 1
        state <= state1;
    state1://有五角
      if(A == 0&&B == 0)    begin
        state <= state1;
        Y <= 0;Z <= 0;
      end
      else if(A == 0&&B == 1)
        state <= state2;
      else if(A == 1&&B == 0)begin
        state <= state0;
        Y <= 1;Z <= 0;
      end
    state2://有一元
      if(A == 0&&B == 0) begin
        state <= state2;
        Y <= 0;Z <= 0;
      end
      else if(A == 0&&B == 1)begin
        state <= state0;
        Y <= 1;Z <= 0;
      end
      else if(A == 1&&B == 0)begin
        state <= state0;
        Y <= 1;Z <= 1;
      end
    default:
      begin
        state <= state0;Y <= 0;Z <= 0;
      end
endcase
endmodule
```

第6章

数字系统设计实例

内容提要:本章通过一些较复杂的数字系统实例介绍数字系统的设计,每个设计均给出了源程序,并进行了详细的说明。

6.1 4位十进制频率计设计

6.1.1 要求

用4位十进制计数器对用户输入时钟 uclk 进行记数,记数间隔为1 s。记数满1 s后,将记数值(即频率值)锁存到4位寄存器中显示,并将计数器清0,再进行下一次记数。频率计的控制时序如图6.1所示。

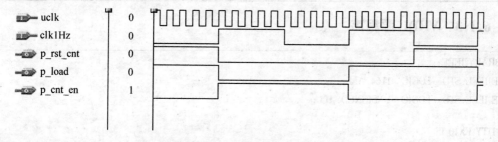

uclk   0
clk1Hz   0
p_rst_cnt   0
p_load   0
p_cnt_en   1

图 6.1 频率计的控制时序

其中,p_rst_cnt 为复位计数器;p_load 为锁存到寄存器中;p_cnt_en 为计数允许(1 s)。

6.1.2 原理

频率计的总体框图如图6.2所示。频率计由以下三个模块组成:

testctl——控制模块	由1 Hz 基准产生 rst_cnt、load、cnt_en 信号
cnt10——十进制计数器	带清0及计数允许的十进制计数器
reg4b——4位寄存器	

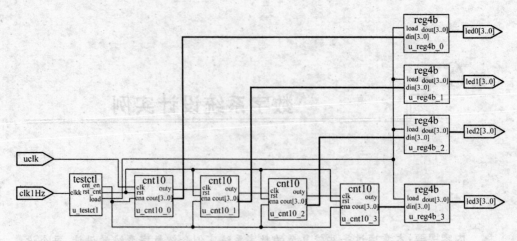

图 6.2　频率计的总体框图

输入：

clk1Hz	基准时钟输入
uclk	待测时钟输入

输出：

led0	频率值最低位
led1	频率值次低位
led2	频率值次高位
led3	频率值最高位
p _ cnt _ en	计数允许(1 s)
p _ rst _ cnt	复位计数器
p _ load	锁存到寄存器中

6.1.3　VHDL 源程序

```
LIBRARY IEEE;
USE IEEE.STD _ LOGIC _ 1164.ALL;
USE IEEE.STD _ LOGIC _ UNSIGNED.ALL;

ENTITY EX10 IS
PORT (
    clk1Hz : IN STD _ LOGIC;              -- 1 Hz clock
    uclk : IN STD _ LOGIC;               -- user clock input -- IO31
    led0 : OUT STD _ LOGIC _ VECTOR(3 DOWNTO 0);
    led1 : OUT STD _ LOGIC _ VECTOR(3 DOWNTO 0);
    led2~: OUT STD _ LOGIC _ VECTOR(3 DOWNTO 0);
    led3 : OUT STD _ LOGIC _ VECTOR(3 DOWNTO 0);
    p _ cnt _ en : OUT STD _ LOGIC;       -- IO01
    p _ rst _ cnt: OUT STD _ LOGIC;       -- IO00
```

```vhdl
        p _ load : OUT STD _ LOGIC -- IO02
);
 END CYMOMETER;

 ARCHITECTURE behv OF CYMOMETER IS
 COMPONENT cnt10
    PORT (
        clk : IN STD _ LOGIC;
        rst : IN STD _ LOGIC;
        ena : IN STD _ LOGIC;
        outy: OUT STD _ LOGIC _ VECTOR(3 DOWNTO 0);
        cout: OUT STD _ LOGIC
);
 END COMPONENT;

 COMPONENT reg4b
    PORT (
        load: IN STD _ LOGIC;
        din : IN STD _ LOGIC _ VECTOR(3 DOWNTO 0);
        dout: OUT STD _ LOGIC _ VECTOR(3 DOWNTO 0)
);
 END COMPONENT;

 COMPONENT testctl
    PORT (
        clkk : IN STD _ LOGIC;
        cnt _ en : OUT STD _ LOGIC;
        rst _ cnt: OUT STD _ LOGIC;
        load : OUT STD _ LOGIC
);
 END COMPONENT;

    SIGNAL cnt _ en : STD _ LOGIC;
    SIGNAL rst _ cnt : STD _ LOGIC;
    SIGNAL load : STD _ LOGIC;
    SIGNAL dout0, dout1, dout2, dout3: STD _ LOGIC _ VECTOR(3 DOWNTO 0); -- cnt10 计数器输出
    SIGNAL cout0, cout1, cout2, cout3: STD _ LOGIC;                        -- cnt10 cout 输出

BEGIN
    p _ cnt _ en <= cnt _ en ;
    p _ rst _ cnt <= rst _ cnt;
    p _ load <= load ;
u _ testctl: testctl PORT MAP (
    clkk => clk1Hz ,
    cnt _ en => cnt _ en ,
    rst _ cnt => rst _ cnt,
```

```
    load => load
);
u _ cnt10 _ 0: cnt10 PORT MAP (
    clk => uclk ,
    rst => rst _ cnt,
    ena => cnt _ en ,
    outy => dout0 ,
    cout => cout0
);
u _ cnt10 _ 1: cnt10 PORT MAP (
    clk => cout0 ,
    rst => rst _ cnt,
    ena => cnt _ en ,
    outy => dout1 ,
    cout => cout1
);
u _ cnt10 _ 2: cnt10 PORT MAP (
    clk => cout1 ,
    rst => rst _ cnt,
    ena => cnt _ en ,
    outy => dout2 ,
    cout => cout2
);
u _ cnt10 _ 3: cnt10 PORT MAP (
    clk => cout2 ,
    rst => rst _ cnt,
    ena => cnt _ en ,
    outy => dout3 ,
    cout => cout3
);
u _ reg4b _ 0: reg4b PORT MAP (
    load => load ,
    din => dout0,
    dout => led0
);
u _ reg4b _ 1: reg4b PORT MAP (
    load => load ,
    din => dout1,
    dout => led1
);
u _ reg4b _ 2: reg4b PORT MAP (
    load => load ,
```

```
        din  =>  dout2,
        dout =>  led2
);
u _ reg4b _ 3: reg4b PORT MAP (
        load =>  load ,
        din  =>  dout3,
        dout =>  led3
);
END behv;
```

--TESTCTL. VHD 程序

```
LIBRARY IEEE;
USE IEEE.STD _ LOGIC _ 1164.ALL;

ENTITY testctl IS
PORT (
        clkk : IN STD _ LOGIC;
        cnt _ en : OUT STD _ LOGIC;
        rst _ cnt: OUT STD _ LOGIC;
        load : OUT STD _ LOGIC
);
END testctl;

ARCHITECTURE behv OF testctl IS
        SIGNAL div2clk: STD _ LOGIC;
BEGIN
PROCESS(clkk)
BEGIN
        IF clkk'EVENT AND clkk = '1' THEN
                div2clk <= NOT div2clk;
        END IF;
END PROCESS;

PROCESS(clkk, div2clk)
BEGIN
        IF clkk = '0' AND div2clk = '0' THEN
                rst _ cnt <= '1';
        ELSE
                rst _ cnt <= '0';
        END IF;
        load <= NOT div2clk;
        cnt _ en <= div2clk;
END PROCESS;
END behv;
```

```vhdl
--CNT10.VHD 程序
LIBRARY IEEE;
USE IEEE.STD _ LOGIC _ 1164.ALL;
USE IEEE.STD _ LOGIC _ UNSIGNED.ALL;

ENTITY cnt10 IS
PORT (
    clk : IN STD _ LOGIC;
    rst : IN STD _ LOGIC;
    ena : IN STD _ LOGIC;
    outy: OUT STD _ LOGIC _ VECTOR(3 DOWNTO 0);
    cout: OUT STD _ LOGIC
);
END cnt10;

ARCHITECTURE behv OF cnt10 IS
    SIGNAL cqi: STD _ LOGIC _ VECTOR(3 DOWNTO 0);
BEGIN
PROCESS(clk, rst, ena)
BEGIN
    IF rst = '1' THEN
      cqi <= "0000";
      cout <= '0';
    ELSIF clk'EVENT AND clk = '1' THEN
        IF ena = '1' THEN
        IF cqi = "1001" THEN
          cqi <= "0000";
          cout <= '1';
        ELSE
          cqi <= cqi + 1;
          cout <= '0';
        END IF;
        END IF;
    END IF;
   outy <= cqi;
END PROCESS;
END behv;

--REG4B.VHD 程序
LIBRARY IEEE;
USE IEEE.STD _ LOGIC _ 1164.ALL;

ENTITY reg4b IS
PORT (
    load: IN STD _ LOGIC;
    din : IN STD _ LOGIC _ VECTOR(3 DOWNTO 0);
```

```
    dout: OUT STD _ LOGIC _ VECTOR(3 DOWNTO 0)
);
END reg4b;

ARCHITECTURE behv OF reg4b IS
BEGIN
PROCESS(load)
BEGIN
    IF load ′EVENT AND load = ′1′ THEN
        dout <= din;
    END IF;
END PROCESS;
END behv;
```

6.2　数据采集与滤波系统

6.2.1　要求

通过 AD 芯片 ADC0809 对数据进行采样。对采集的数据进行滤波,并把滤波后数据通过 DA 芯片 DAC0832 进行模拟输出。

6.2.2　原理

ADC0809 和 DAC0832 的电路连线如图 6.3 所示。

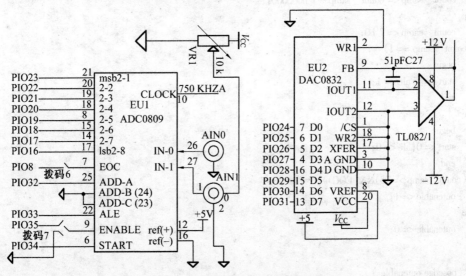

图 6.3　ADC0809 和 DAC0832 的电路连线图

进行 AD 转换时,如果对模拟输入通道 AIN0 进行采集,需要地址选择端 ADD – A 接低电平,开始时需要启动 ALE 和 START 信号,当一次 AD 转换完成 EOC 信号会变成高电平,需要把

ENABLE 信号置高以能够输出数据。进行 DA 转换时,根据电路连线,直接把数据发送到数据线上即可。

滤波中采用了整系数滤波器:

$$y(i) = 2 * y(i-1) - y(i-2) + x(i) - 2 * x(i - len) + x(i - 2 * len)$$

其中 len 根据采样率和滤波要求决定。

6.2.3　Verilog 源程序

```verilog
module SigFIR(insig, outsig, clk, insel, start, ale, EOC, outenable, reset);
input [7:0] insig;
input clk, EOC;    //EOC:PIO8 = PIN1
input reset;
output start, ale, outenable;    //start:PIO34 = PIN139;ale:PIO33 = PIN138;outenable:PIO35 = PIN140
output insel;    //PIO32 = PIN137
output [7:0] outsig;
reg [7:0] outsig;
reg [7:0] lastx1, lastx2, lastx3, lastx4, lastx5, lastx6, lastx7, lastx8, lastx9, lastx10, lastx11, lastx12;
reg [15:0] tempsig, lastY1, lastY2;
reg start, ale, outenable;
reg [6:0] count_samp;

//y(i) = (2 * y(i-1) - y(i-2) + x(i) - 2 * x(i - len) + x(i - 2 * len));本例选择 len = 6
assign insel = 0;

always@(posedge clk)
begin
    if(count_samp < 7'd100)
        count_samp <= count_samp + 7'b0000001;
    else
        count_samp <= 7'b0;
    if(count_samp == 1)
        begin
        start <= 1;ale <= 1;
        end
    else
        begin
        start <= 0;ale <= 0;
        end
    if((count_samp >= 95)&&(EOC))
        outenable <= 1;
    else
        outenable <= 0;
end

always@(posedge outenable)
begin
    if(reset)
```

```
        begin
            tempsig <= 0;
            lastx12 <= 0;
            lastx11 <= 0;
            lastx10 <= 0;
            lastx9 <= 0;
            lastx8 <= 0;
            lastx7 <= 0;
            lastx6 <= 0;
            lastx5 <= 0;
            lastx4 <= 0;
            lastx3 <= 0;
            lastx2 <= 0;
            lastx1 <= 0;
            lastY1 <= 0;
            lastY2 <= 0;
        end
    else
    begin
        tempsig = ( ( lastY1 << 1 ) + insig + lastx12 − lastx6 << 1 ) − lastY2 ) ;
        lastx12 = lastx11;
        lastx11 = lastx10;
        lastx10 = lastx9;
        lastx9 = lastx8;
        lastx8 = lastx7;
        lastx7 = lastx6;
        lastx6 = lastx5;
        lastx5 = lastx4;
        lastx4 = lastx3;
        lastx3 = lastx2;
        lastx2 = lastx1;
        lastx1 = insig;
        lastY2 = lastY1;
        lastY1 = tempsig;
        outsig = tempsig[ 13:6 ] ;
    end
end
endmodule
```

滤波方法中更常用的是 FIR 滤波器,FIR 滤波器实现的关键是如何用无符号整数实现实数的表达与计算。这里给出一个 11 阶 FIR 滤波器。该滤波器系数为"0.003 6, − 0.012 7, 0.041 7, − 0.087 8, 0.131 8, 0.850 0, 0.131 8, − 0.087 8, 0.041 7, − 0.012 7, 0.003 6"。

```
/* 0.4608, -1.6256,5.3376, -11.2384,16.8704,108.800,16.8704, -11.238,5.3376, -1.6256,0.4608 */
//原系数太小,先乘以 128 倍
module fir(clk,x,y);
input[7:0] x;
input clk;
output[15:0] y;
reg[15:0] y;
reg[7:0] tap0,tap1,tap2,tap3,tap4,tap5,tap6,tap7,tap8,tap9,tap10;
reg[7:0] t0,t1,t2,t3,t4,t5;
reg[15:0] sum;

always@(posedge clk)
  begin
     0 <= tap5;
     t1 <= tap4 + tap6;
     t2 <= tap3 + tap7;
     t3 <= tap2 + tap8;
     t4 <= tap1 + tap9;
     t5 <= tap0 + tap10;

sum <= (t0 << 7) - (((t0 << 2) << 2) - (t0 << 2) + {t0[7],t0[7:1]} + {t0[7],t0[7],t0[7:2]} + {t0[7],t0[7],
t0[7],t0[7],t0[7:4]}
  //128 - 4*4 - 4 + 0.5 + 0.25 + 0.0625 = 108.8125 * t0
     + (t1 << 4) + {t1[7],t1[7:1]} + {t1[7],t1[7],t1[7:2]} + {t1[7],t1[7],t1[7],t1[7:3]}
     //16 + 0.5 + 0.25 + 0.125 = 16.875 * t1
     - (t2 << 3) - (t2 << 2) + t2 - {t2[7],t2[7],t2[7:2]}
     //8 + 4 - 1 + 0.25 = 11.25 * t2
     + (t3 << 2) + t3 + {t3[7],t3[7],t3[7:2]} + {t3[7],t3[7],t3[7],t3[7],t3[7:4]} + {t3[7],t3[7],t3[7],
t3[7],t3[7],t3[7:5]}
     //4 + 1 + 0.25 + 0.0625 + 0.03125 = 5.34375 * t3
     - t4 - {t4[7],t4[7:1]} - {t4[7],t4[7],t4[7],t4[7:3]}
     //1 + 0.5 + 0.125 = 1.625 * t4
     + {t5[7],t5[7:1]} - {t5[7],t5[7],t5[7],t5[7],t5[7],t5[7:5]}
     //0.5 - 0.03125 = 0.46875 * t5    整数(定点)计算实现实数(浮点)逼近计算
     t0 <= tap5;
     t1 <= tap4 + tap6;
     t2 <= tap3 + tap7;
     t3 <= tap2 + tap8;
     t4 <= tap1 + tap9;
     t5 <= tap0 + tap10;
     tap10 <= tap9;
     tap9 <= tap8;
     tap8 <= tap7;
```

```
    tap7 <= tap6;
    tap6 <= tap5;
    tap5 <= tap4;
    tap4 <= tap3;
    tap3 <= tap2;
    tap2 <= tap1;
    tap1 <= tap0;
    tap0 <= x;//更新数据
    y <= {sum[15],sum[15],sum[15],sum[15],sum[15],sum[15],sum[15],sum[15:7]};//更新输出,除以128
  end
endmodule
```

6.3　交通灯控制

6.3.1　要求

设计十字路口交通灯管理程序,A 方向和 B 方向各 4 盏灯,4 盏灯按合理的顺序亮灭,并将灯亮时间倒计时方式显示。

6.3.2　原理

信号定义与说明如下:

CLK:同步时钟;

EN:使能信号,为 1 的话,则控制器开始工作;

LAMPA:控制 A 方向 4 盏灯的亮灭;其中,LAMPA0 ~ LAMPA3 分别控制 A 方向的左拐灯、绿灯、黄灯和红灯;

LAMPB:控制 B 方向 4 盏灯的亮灭;其中,LAMPB0 ~ LAMPB3 分别控制 B 方向的左拐灯、绿灯、黄灯和红灯;

ACOUNT:用于 A 方向灯的时间显示,8 位,可驱动两个数码管;

BCOUNT:用于 B 方向灯的时间显示,8 位,可驱动两个数码管。

6.3.3　源程序

```
module traffic(CLK,EN,LAMPA,LAMPB,ACOUNT,BCOUNT);
output[7:0] ACOUNT,BCOUNT;
output[3:0] LAMPA,LAMPB;
input CLK,EN;
reg[7:0] numa,numb;
reg tempa,tempb;
reg[2:0] counta,countb;
reg[7:0] ared,ayellow,agreen,aleft,bred,byellow,bgreen,bleft;
```

```verilog
reg[3:0] LAMPA, LAMPB;

always @(EN)
if(! EN)
begin //设置各盏灯的计数器的预置数
    ared  <= 8′d55; //55 秒
    ayellow  <= 8′d5; //5 秒
    agreen  <= 8′d40; //40 秒
    aleft  <= 8′d15; //15 秒
    bred  <= 8′d65; //65 秒
    byellow  <= 8′d5; //5 秒
    bleft  <= 8′d15; //15 秒
    bgreen  <= 8′d30; //30 秒
end

assign ACOUNT = numa;
assign BCOUNT = numb;

always @(posedge CLK) //该进程控制 A 方向的 4 盏灯
begin
  if(EN)
  begin
    if(! tempa)
    begin
        tempa <= 1;
        case(counta) //控制亮灯的顺序
          0: begin numa <= agreen; LAMPA <= 2; counta <= 1; end
          1: begin numa <= ayellow; LAMPA <= 4; counta <= 2; end
          2: begin numa <= aleft; LAMPA <= 1; counta <= 3; end
          3: begin numa <= ayellow; LAMPA <= 4; counta <= 4; end
          4: begin numa <= ared; LAMPA <= 8; counta <= 0; end
          default: LAMPA <= 8;
        endcase
    end
    else begin //倒计时
        if(numa > 1)
        if(numa[3:0] == 0) begin
            numa[3:0] <= 4′b1001;
            numa[7:4] <= numa[7:4] - 1;
        end
        else numa[3:0] <= numa[3:0] - 1;
        if (numa == 2) tempa <= 0;
    end
```

```verilog
        end
    else begin
        LAMPA <= 4'b1000;
        counta <= 0;  tempa <= 0;
    end
end

always @(posedge CLK) //该进程控制 B 方向的 4 盏灯
begin
  if (EN)
  begin
    if(! tempb) begin
        tempb <= 1;
        case (countb) //控制亮灯的顺序
            0: begin numb <= bred; LAMPB <= 8; countb <= 1; end
            1: begin numb <= bgreen; LAMPB <= 2; countb <= 2; end
            2: begin numb <= byellow; LAMPB <= 4; countb <= 3; end
            3: begin numb <= bleft; LAMPB <= 1; countb <= 4; end
            4: begin numb <= byellow; LAMPB <= 4; countb <= 0; end
            default: LAMPB <= 8;
        endcase
    end
    else begin //倒计时
        if(numb > 1)
        if(! numb[3:0]) begin
            numb[3:0] <= 9;
            numb[7:4] <= numb[7:4] - 1;
        end
        else numb[3:0] <= numb[3:0] - 1;
        if(numb == 2) tempb <= 0;
    end
  end
  else begin
    LAMPB <= 4'b1000;
    tempb <= 0; countb <= 0;
  end
end
endmodule
```

参考文献

[1] 王振红. VHDL 数字电路设计与应用实践教程[M]. 北京：机械工业出版社，2003.

[2] 潘松，王国栋. VHDL 实用教程[M]. 成都：电子科技大学出版社，2000.

[3] 林敏，方颖立. VHDL 数字系统设计与高层次综合[M]. 北京：电子工业出版社，2002.

[4] 阎石. 数字电子技术基础[M]. 第 4 版. 北京：高等教育出版社，1999.

[5] 李广军，孟宪元. 可编程 ASIC 设计及应用[M]. 成都：电子科技大学出版社，2000.

[6] 辛春艳. VHDL 硬件描述语言[M]. 北京：国防工业出版社，2002.

[7] 陈雪松，藤立中. VHDL 入门与应用[M]. 北京：人民邮电出版社，2000.

[8] 廖裕评，陆瑞强. CPLD 数字电路设计[M]. 北京：清华大学出版社，2001.

[9] 潘松，黄继业. EDA 技术使用教程[M]. 北京：科学出版社，2004.

[10] 杨春玲，张辉. 现代可编程逻辑器件及 SOPC 应用设计[M]. 哈尔滨：哈尔滨工业大学出版社，2005.

[11] 王金明. Verilog HDL 程序设计教程[M]. 北京：人民邮电出版社，2004.

[12] 夏宇闻. Verilog 数字系统设计教程[M]. 北京：北京航空航天大学出版社，2003.